KB003119

돈이 보이는
농식품 소비 트렌드

돈이 보이는 농식품 소비 트렌드

초판 1쇄 발행 2018년 11월 11일
초판 2쇄 발행 2019년 1월 2일

지은이 이종순
펴낸이 김병원

기획제작 김용덕 황의성 손수정
디자인&인쇄 (주)삼보아트

펴낸곳 (사)농민신문사
출판등록 제25100-2017-000077호
주소 서울시 서대문구 독립문로 59
홈페이지 www.nongmin.com
전화 02-3703-6097
팩스 02-3703-6213

ISBN 978-89-7947-168-7 (13520)

잘못된 책은 바꾸어 드립니다. 책값은 뒤표지에 있습니다.

이 도서의 국립중앙도서관 출판예정도서목록(CIP)은 서지정보유통지원시스템 홈페이지(http://seoji.nl.go.kr)와
국가자료종합목록시스템(http://www.nl.go.kr/kolisnet)에서 이용하실 수 있습니다. (CIP제어번호 : CIP2018034947)

돈이 보이는 농식품 소비 트렌드

이종순 지음

농민신문사

책을 펴내며

트렌드의 최전선에서 '농식품'을 이야기하다

'농식품 소비 트렌드'는 우리의 일상과 밀접하게 관련돼 있다. 근본적으로는 우리 모두가 농식품을 소비하고 있어서다. 최근 들어서는 '어떤 농식품을 어떤 방식으로 구입해 어떻게 먹느냐'가 중요한 화두로 떠올랐다. 이러한 농식품 소비의 변화가 모아져 대세적인 흐름으로 형성된 것을 농식품 소비 트렌드라고 부른다.

최근 농식품 시장은 인구 · 경제 · 사회구조 등의 변화로 형성된 다양한 소비자 계층에서 이전과는 다른 소비 행태를 보이고 있다. 그 배경으로 꼽히는 것이 1인 가구와 고령 인구의 증가, 정보통신기술(ICT)의 발달, 농축산물의 수입 증가와 품목의 다양화 등이다. 쉽게 말해 사회구조가 바뀌면서 먹고 마시는 양상도 달라진 것이다. 조리하거나 먹기 편하고, 조금씩 사기 쉽고, 가격 대비 만족도가 높고, 먹어서 몸에도 좋고, 그러면서도 믿을 수 있고, 이왕이면 윤리적으로도 마음 놓이는 농식품. 오늘날 우리 소비자들은 이런 먹거리를 원한다.

따라서 우리 농업의 경쟁력을 높이고 농가소득을 늘리기 위해서는 이 같은 농식품 소비 트렌드의 변화를 제대로 읽고 이에 부합하는 농식품을 개발 · 생산하는 것이 중요해졌다. 생산이 소비로 직결되던 시대는 이미 저물었다. 지금은 소비자의 선택을 받아야 생존하는 시대다.

이런 시대에 우리 농식품 소비를 창출하기 위해 관련 업계와 정책 담당자, 무엇보다 농민들 스스로는 어떻게 해야 할까?

30년 가까운 농민신문 기자생활의 마무리를 눈앞에 두고, 오랫동안 천착해온 이 질문에 대해 나름대로 해답을 찾아보았다. 그리고 더 많은 이들과 생각을 나눔으로써 우리 농식품 소비 확산에 기여하고, 무엇보다 기자생활 후반기의 화두였던 '농업커뮤니케이션'을 스스로 실현하고 싶었다. 그 결과물이 바로 이 책이다.

* * * * *

농식품 소비 트렌드를 분석한 이 책은 위와 같은 내용을 10장으로 구성했다.

처음 두 장에서는 이 책을 관통하는 '농식품 소비 트렌드'의 뜻을 개괄했다. 제1장 '소비 트렌드를 읽자'에서는 현대사회의 소비자라면 누구나 알아야 할 트렌드의 기본 개념과 오늘날 소비 트렌드의 특징을 간단히 설명했다. 제2장 '농식품 유통의 특성을 알자'에서는 일반 공산품과는 다른 농산물 유통의 특징과 함께 정부의 농식품 유통 · 소비 정책 방향을 짚어보았다.

3~5장에서는 농식품 소비 트렌트의 변화상을 본격적으로 다루었다. 제3장 '농식품 소비구조가 바뀌고 있다'에서는 사회구조 변화에 따른 농식품 소비구조의 변화를 '1인 가구' '고령화' '정보통신기술의 발달' 같은 사회적 배경에서 분석했다. 그런 다음 제4장 '가구별 농산물 장바구니'에서 우리나라 소비자들이 가구 유형별로 어떤 농산물을 얼마나 소비하며, 과거와는 어떻게 달라졌는지 등을 간추렸다. 이어지는 제5장 '변화하는 농식품 소비 트렌드'는 편리함 · 소포장 · 가성비 · 건강 · 안전 · 가치 등 소비자들이 농식품을 구입할 때 중요하게 생각하는 요인과 이에 따른 시장의 변화를 상세히 기술했다.

'그렇다면 과연 요즘 뜨는 농식품은 뭐지' 하고 궁금증이 이는 독자라면 제6장 '핫한 농식품 무엇이 있나'를 바로 펼쳐봐도 좋겠다. 가정간편식 · 도시락 · 미니농산물 · 배달음식 · 건조간식 등 농식품 시장의 최전선을 주름잡는 '핫한' 품목들을 한눈에 볼 수 있기 때문이다. 이 장의 내용을 접하고 나면 독자 여러분도 편의점이나 마트의 식료품 매장을 전처럼 그냥 '보는' 것이 아니라 찬찬히 '읽는' 경험을 하게 될 것이다.

이어 7~9장에서는 농식품 소비를 창출하기 위한 다각도의 전략을 소프트웨어(제7장) · 하드웨어(제8장) · 커뮤니케이션(제9장) 측면에서 심도 있게 모색했다. 차별화 · 융합 · 컬러마케팅 · 상생마케팅 · 친환경 같은 트렌드에 맞춤한 마케팅 방안 수립이 소프트웨어 측면의 전략이라면, 온라인쇼핑 · 국방 · 편의점 · 과일간식산업 · 지역특화작목 등의 유통채널 활용은 하드웨어 측면의 전략이라 할 수 있다. 이때 유용한 홍보 전략이 바로 '농축산물 데이마케팅' 등으로 대표되는 농업커뮤니케이션이다. 7~9장은 내용 면에서나 분량 면에서나 이 책의 핵심으로, 각 장의 소제목만 훑어보아도 현재 우리나라 농산물 유통 분야의 과제와 전망이 무엇인지 큰 틀에서 파악할 수 있을 것이다.

마지막 제10장 '농장 스왓 분석을 하자'에서는 마케팅 전략을 수립할 때 흔히 사용되는 스왓(SWOT) 분석 기법을 농산물 생산 · 가공 · 유통에 접목해 간략히 소개했다.

＊＊＊＊＊

농식품 유통과 마케팅을 다룬 책은 시중에도 많다. 하지만 최근의 농식품 소비 트렌드를 분석하고 대응 방안을 심도 있게 다룬 책은 많지 않다. 그래서 농식품 소비 트렌드를 주제로 농업인과 소비자 모두 편하게 다가갈 수 있는 책을 쓰고 싶었다. 탈고를 마치고 나니 아쉬움이 많지만 부족한 부분은 훗날을 기약하며 일단 펜을 내려놓는다.

모쪼록 이 책이 농식품 소비 트렌드의 변화를 읽고 이를 생산과 유통 · 가공 현장에 접목해 우리 농산물이 소비가 확대되고, 이것이 농가소득 증대로 이어지는 데 도움이 되기를 간절히 바란다.

끝으로 이 책이 출간될 수 있도록 도움을 주신 모든 분들께

감사드린다. 먼저 언론인 저술자로 선정해준 한국언론진흥재단, 책을 출간해준 이상욱 사장님을 비롯한 농민신문사 임직원들, 자료 협조를 해준 농림축산식품부 · 농촌진흥청 · 농협중앙회 · 한국농촌경제연구원 관계자들에게 감사를 표한다. 또 사랑하는 아내, 그리고 성년이 된 아들과 딸에게도 고마움을 전한다.

2018년 11월

서울 서대문 농민신문사에서

언론학박사 이종순

차례

제7장 농식품 소비 창출 전략 1 – 소프트웨어 중심

제8장 농식품 소비 창출 전략 2 – 하드웨어 중심

제9장 농식품 소비 창출 전략 3 – 커뮤니케이션 중심

제10장 농장 스왓 분석을 하자

돈이 보이는
농식품 소비 트렌드

제1장

소비 트렌드를 읽자

1. 소비 트렌드란
2. 소비자 혁명
3. 소비자 중시 농업의 확산

소비 트렌드를 읽자

1. 소비 트렌드란

트렌드는 사회와 세대에 큰 영향을 미치는 대세적인 흐름이다. 그래서 빨리 전파됐다가 사라지는 유행이나 패션과 구분된다. 이러한 트렌드는 현대인들이 공감하는 관심 요소와 분야, 특성 등을 비춤으로써 한 시대를 사는 사람들의 생각을 읽는 이정표 같은 역할을 한다.[1)]

소비 트렌드는 상품 소비의 대세적인 흐름을 말한다. 농식품 소비 트렌드는 농식품류의 소비지출 구조 변화, 품목별 구입 및 섭취 형태 변화, 소비자 인식 및 식생활 변화, 영양섭취 변화 등을 포함한다.

소비자들은 식품 소비를 통해 생리적 니즈를 먼저 충족시키고자

1 이항영 · 백선아(2016), 『대한민국 토탈 트렌드 2017』, 예문, p.5

하며, 생리적 니즈가 충족되면 식품의 품질 · 안전 · 건강증진 효과를 추구하는 방향으로 식품을 소비하게 된다. 나아가 식품을 가족의 화합을 촉진시키거나, 선물 등으로 감사를 표시하거나, 지위와 명성을 드러내거나, 감정이나 가치관을 표현하는 용도로 소비하게 된다. 매슬로(Maslow)의 5단계 니즈의 계층구조를 식품 소비 단계에 적용하면 생리적 단계, 안전 단계, 소속감 단계, 존중 단계, 자아실현 단계로 구분된다.[2)]

이계임(2016)은 2014년 식품 소비행태 조사 결과 등을 활용해 분석한 결과, 맛 · 간편 · 안전 · 합리 · 건강 · 소량 등 여섯 가지 식품 소비 트렌드를 도출했다.

먼저 '맛'은 SNS(사회관계망서비스)를 통한 식생활 정보 공유 등으로 소비자 인식의 변화가 소비자 행동의 변화로 이어져 '난 이런 것도 먹고 맛본 사람이야'라는 것으로 상징되는 소비 트렌드다.

'안전'은 식품안전사고 등으로 인한 온라인 직거래 활성화와 GMO(유전자변형농산물) 표시 촉구 등의 소비자 행동 변화로 드러나며 '먹고 죽은 귀신은 귀신일 뿐이다'로 대변되는 소비 트렌드다.

'건강'은 초미세먼지 등으로 인한 우려로 미세먼지에 좋은 음식을 찾는 등의 소비자 변화를 가져와 '보약과 밥은 그 근원이 같다(藥食同源)'라는 것으로 상징되는 소비 트렌드다.

2 이계임 · 김상효 · 허성윤(2017), 『식품 소비구조 변화와 트렌드 전망』, 한국농촌경제연구원, p.113

'간편'은 바쁜 일상에서 편리함을 추구하는 등의 영향으로 도시락·가정간편식(HMR) 등의 소비가 늘어나면서 '나에게 식사준비를 논하지 말라'로 대변되는 소비 트렌드다.

'합리'는 합리적인 소비와 먹거리의 고급화 등의 영향이 탄탄한 영양구성으로 나타나면서 '내일 지구가 멸망해도 먹을 건 먹자'로 대변되는 소비 트렌드다.

'소량'은 1인 가구 증가와 솔로이코노미 등의 변화로 1인용 메뉴 증가로 나타나면서 '우리의 간소함은 당신의 푸짐함보다 아름답다'로 상징되는 소비 트렌드다.[3)]

이처럼 소비 트렌드는 시대상을 반영하면서 농식품 소비에도 많은 영향을 주고 있다.

2. 소비자 혁명

소비자가 상품을 선택하는 시대다. '소비자가 왕'이라는 말이 나온 지도 오래다. 생산이 소비로 직결되던 과거와 달리 소비자의 선택을 받는 상품이 시장에서 살아남는 시대가 됐기 때문이다.

지금은 대부분의 생산자가 소비자들이 어떤 상품을 선호하는지

3 이계임(2016), 『식품 소비트렌드 변화와 농식품 정책방향』, 한국농촌경제연구원

파악해 거기에 맞춰 상품을 생산한다. 농식품산업의 경우도 마찬가지다. 식품가치 사슬이 변화하고 있어서다. 안전, 원산지 등 사회적 · 환경적 영향에 대한 소비자의 관심이 높아지고 있다. 차별화된 포지션을 확보하기 위해서는 소비자의 신뢰를 확보해야 한다.

3. 소비자 중시 농업의 확산

최근 농식품 시장은 1인 가구와 고령 인구의 증가 등의 영향으로 많은 변화를 겪고 있다. 이는 소비자를 중시하는 농업이 확산되는 배경으로 작용하고 있다. 필자가 수년 전 네덜란드 농업을 취재하러 갔을 때 이 같은 소비자 중시 농업을 현장에서 확인할 수 있었다. 당시 와게닝겐대학교의 한 교수는 "모든 농업은 소비자의 요구로부터 출발한다"면서 "이것이 소비자 과학"이라고 설명했다. 국토의 4분의 1이 해수면보다 낮을 정도로 열악한 자연환경 속에서도 네덜란드가 현재처럼 농업 강국으로 성장한 것은 소비자 중시 농업이 밑거름이 됐다는 것이다.

그는 "빨간색 토마토가 소비자의 시선을 사로잡는다면 소비자에게 도달할 때까지 전 과정에서 소비자가 원하는 색을 유지할 수 있도록 과학적으로 연구하는 것이 소비자 중시 농업"이라고 소개했다. 암스테르담은 물론 파리 · 프랑크푸르트 등 인구가 많은 지역

소비자들의 기호를 파악해 반영하는 농업을 실전하고 있다는 것이다.

우리나라도 최근 소비자를 중시하는 농업이 확산되고 있다. 수입개방 시대를 맞아 소비 트렌드를 파악해 생산과 유통에 반영하는 '소비자 기호 반영'이 갈수록 중요해지고 있기 때문이다. 우리나라 소비자의 농식품 소비 트렌드는 인구구조 변화와 정보통신기술(ICT)의 발달, 먹거리의 다양화 등으로 빠르게 변화하고 있다. 최근 1인 가구의 증가는 '혼밥족' 등 소비 트렌드에 많은 영향을 주고 있다. 편의점의 도시락 매출과 즉석밥 시장이 커지고 있는 것은 이를 반영한다.

건강 지향과 안전성도 중요한 농식품 소비 트렌드로 자리 잡으면서 3저 식품(저염 · 저당 · 저포화지방)에 대한 관심이 갈수록 높아지고 있다. 또 자유무역협정(FTA) 등 시장개방 확대에 따라 망고 · 체리 등 수입 농산물의 종류가 다양해지고 수입량도 증가했다. 대형 유통매장에서는 계절에 상관없이 다양한 수입 농축산물이 판매되면서 소비자들이 사계절 손쉽게 수입 농산물을 접할 수 있는 세상이 됐다.

정보통신기술(ICT)의 발달과 쇼핑의 편리성으로 유통시장의 중심축도 이미 모바일로 이동했다. 이러한 농식품 소비 트렌드 변화에 따라 농축산물 생산 · 유통 현장에서도 적극적인 대응전략이 필요하다. 1인 가구는 꾸준히 증가할 것으로 예상되는 만큼 편리함을 추구하는 소비 트렌드에 발맞춰 소포장 · 가정간편식(HMR) 등 맞춤형 농식품 개발을 확대해나가야 한다.

소비자에게 친환경농산물을 세트로 배달해주는 친환경농산물 꾸러미사업을 통해 수입 농산물과 차별화하고, 감성과 컬러 · 스토리를 농식품에 입혀 새로운 소비를 창출하는 전략도 필요하다. 가성비(가격 대비 품질)를 중시하는 젊은 세대의 소비 취향에 맞춰 국산 농산물의 차별화된 홍보 방안 마련과 품질 확보 등도 중요하다.

특히 건강기능성 및 취급 · 섭취의 간편성을 지닌 고품질 농식품을 개발하는 동시에 철저한 안전관리로 국산 농축산물의 경쟁력을 강화해나가야 한다. '김영란법(부정청탁 및 금품 등 수수의 금지에 관한 법률)' 시행에 따라 연중소비 등의 트렌드를 생산 · 유통 단계에 반영하는 것도 중요하다. 여기에 농식품 시장 세분화를 통해 유망시장과 선호하는 상품을 심도 있게 분석해 이를 생산농가에 보급하는 것도 빼놓을 수 없다.

따라서 소비자 지향적 농업 패러다임으로의 전환이 필요하다. 원예 산업의 경우를 예로 들면, 소비자 지향적 패러다임은 그 출발점이 소비자와 시장이고, 초점은 판매를 염두에 둔 생산 조직화를 통한 적정 생산 및 교섭력 증대에 맞춰진다. 또 주요 판로 개척은 대형유통업체 · 온라인판매 등 판매채널의 다양화를 통해 모색해야 하며, 이 과정에서 민관 협치를 통한 소비자 지향적 정책 체계를 갖추어야 한다. 최종 목표는 적정 생산을 통한 적정 가격 유지와 이익 극대화로 그 전략이 제시된다.[4)]

4 김동환(2018), 『소비자 지향적 원예산업 발전 전략』, 신유통포커스 08-07호, p.39

돈이 보이는
농식품 소비 트렌드

제2장

농식품 유통의 특성을 알자

1. 농산물 유통의 특징
2. 농산물 유통구조 개선 어떻게 이뤄졌나
3. 정부의 농식품 유통 방향

농식품 유통의 특성을 알자

1. 농산물 유통의 특징

일반적으로 유통은 '상품이 생산자의 손을 떠나 최종 소비자에게 도달하기까지 일어나는 모든 활동과 기능'으로 정의된다. 따라서 유통은 단순한 운송과정을 떠나 선별 · 가공 · 포장 · 저장 등 다양한 중간서비스를 포함하는 개념으로 확대되고 있다.

특히 농산물 유통은 일반 공산품과 다른 특징을 갖고 있다. 첫째 품질 규격화가 어렵고, 둘째 가격에 비해 부피와 중량이 크고, 셋째 유통과정에서 손실 또는 부패가 발생하고, 넷째 수요와 공급이 비탄력적이라는 점이다. 이러한 점에서 농산물 유통은 유통비용이 높고, 유통단계가 복잡하고, 가격진폭이 크다는 특징으로 이어지기도 한다.

농산물의 복잡한 유통단계는 다수의 생산자와 다수의 소비자가 있기 때문에 발생한다. 그래서 수집 · 분산비용이 높고 여러 단계의 유통이 필요해진다. 농림축산식품부가 밝힌 표준 농산물 유통단계는 '생산(농가) → 수집, 선별, 포장(수집조직) → 도매시장(도매법인, 중도매인) → 재분류, 판매(소매상) → 소비자'이다. 물론 품목에 따라 중간납품상, 위탁상, 중개상 등의 단계가 추가되기도 한다.

농산물은 품목별로도 유통비용 편차가 크다. 농림축산식품부에 따르면 손실률이 높은 채소류와 과일류는 유통비용률이 높은 반면 저장성이 높은 쌀 등 식량작물은 감모 손실이 적어 유통비용률이 상대적으로 낮다. 여기서 유통비용은 최종가격에서 농가 수취가격을 뺀 것으로 직접비(수송비 · 포장비 · 상하차비)와 간접비(임대료 · 인건비 · 이자 등) 및 유통이윤으로 구성돼 있다.

하지만 우리나라 농산물 유통마진율은 선진국과 비교해 높다고는 할 수 없다. 우리와 비슷한 농산물 유통시스템을 가진 일본과 대규모 첨단 유통시스템을 가진 미국의 경우, 유통마진율이 우리보다 높은 품목들이 있기 때문이다. 선진국들도 산지부터 도 · 소매단계에 이르는 다양한 유통서비스를 소비자 선호에 맞춰 제공하기 때문에 유통마진율이 높다.

농산물이 공산품에 비해 가격변동성이 큰 것은 저장성이 낮고 기후에 영향을 많이 받기 때문이다. 특히 무 · 배추 등 채소류에서 가격변동성이 크다. 그 사례로 2010년 배추파동 시 도매가격이 전일 대비 54.4% 급등했다가 다음날엔 33.5% 급락하기도 했다.

2. 농산물 유통구조 개선 어떻게 이뤄졌나

정부는 생산자는 제값 받고 소비자는 덜 낼 수 있는 건강한 유통생태계 조성을 목표로 유통비용 절감과 가격변동성 완화를 위한 다양한 정책을 추진해오고 있다.

이를 위해 유통경로 간 경쟁 촉진으로 온 · 오프라인 간 다양한 경로를 확산하고, 정가수의매매 확대와 물류효율화 등 도매시장 운영 패러다임을 전환하고 있다. 또 사전적이고 자율적인 수급조절을 확대하는 선제적이면서 체계적인 수급관리와 함께, 산지의 조직화와 규모화를 통한 생산자단체의 유통계열화를 확대해나가고 있다.

아울러 직거래 활성화를 체계적으로 추진하기 위해 농산물 직거래법을 시행하고, 로컬푸드 직매장을 지속적으로 확대하고 있다. 또 한국농수산식품유통공사(aT) 사이버거래소를 활용해 거래교섭력이 부족한 생산농가의 판로 확대를 지원하고 있다. aT 사이버거래소 거래실적은 2015년 2조 4444억원에서 2017년은 2조 9789억원으로 증가했다.

이와 함께 공영홈쇼핑을 통한 판로 확대, 기존 경매제도 외에 정가수의매매 제도의 안정적 정착 지원 등으로 가격변동성 완화에 나서고 있다.

유통효율화를 위해서는 'T 꼭지'를 제거한 '꼭지 짧은 수박' 유통에 나섰다. 서울 가락동농수산물도매시장에서는 수박 팰릿 출하를 실현해

하역시간을 크게 단축했다. 또 산지유통조직의 내실화와 규모화를 통해 거래교섭력 강화 기반을 마련하고, 전국 산지에서 수집한 농산물을 효율화된 물류시스템을 통해 소비자에게 신속하게 공급하기 위해 '농산물 도매물류센터'를 설립해 운영하고 있다.

이와 함께 품목별 자조조직을 육성해 소비촉진과 자율적 수급조절을 도모하고자 의무자조금화도 추진하고 있다.

3. 정부의 농식품 유통 방향

문재인 정부의 농식품 유통 · 소비 정책의 방향은 '걱정 없이 농사짓고 안심하고 소비하는' 생산 · 유통 · 소비 생태계 조성이다. 이를 위해 생산 · 유통 비용은 낮추고 생산농가와 소비자가 추구하는 가치는 올리는 쪽으로 정책방향이 모아지고 있다.

먼저 생산농가 소득안정을 위해서는 원예농산물 가격안정시스템을 정착시킬 계획이다. 정부 · 지자체 · 농협 등이 참여하는 주산지협의회, 드론과 빅데이터를 활용한 농업관측정보를 통해 영농설계 단계에서부터 재배면적을 조정하고, 파종 · 정식 단계에서도 채소 가격안정제를 통해 면적과 생산량을 조정하고, 출하 단계에서는 출하시기를 조정하는 것이다.

이를 위한 정책수단으로 사용되는 채소가격안정제의 대상 품목과

물량을 확대할 예정이다. 대상 품목은 기존의 무 · 배추 · 마늘 · 양파 외에 고추 · 대파가 추가되고, 물량도 2022년까지 30% 선으로 늘리는 것이 목표다.

또 주산지협의회와 의무자조금단체를 확대하고, 빅데이터 · 드론 등 첨단기기를 활용해 농업관측을 고도화해나간다. 품목 단위 판매연합조직을 단계적으로 육성하고, 계약재배 경로도 다각화한다. 산지의 조직화와 규모화로 거래교섭력도 함께 확보해나간다.

아울러 로컬푸드 직매장을 확대하는 동시에 내실화하고, 공영홈쇼핑과 사이버거래소 등의 온라인 거래도 확대해나간다. 정가수의매매 내실화 등 도매시장 유통을 활성화하고, 식품안전관리도 강화한다. 지역푸드플랜 확산과 국가 먹거리 종합계획 등 먹거리 이슈를 종합적으로 관리하고, 소비자 지향적 과수산업을 육성한다. 화훼는 신수요 창출과 유통을 현대화해나간다.[1)]

1 농림축산식품부(2018), 『농산물 유통 · 소비 정책 방향』

돈이 보이는
농식품 소비 트렌드

제3장

농식품 소비구조가 바뀌고 있다

1. 1인 가구의 증가
2. 고령 인구의 증가
3. 정보통신기술의 발달
4. 농축산물 수입 증가와 다양화
5. 우리 농산물 구매충성도 하락

농식품 소비구조가 바뀌고 있다

사회구조 변화는 농식품 소비구조도 변화시킨다. 소비 성향, 식생활 형태, 선호하는 식품 등이 차별화되는 경향 때문이다. 1인 가구와 고령층의 증가, 여성의 경제활동 확대, 주5일 수업과 근무제 확산 등의 사회구조 변화는 농식품 시장에서 편의성 · 간편성이 갖춰진 먹거리에 대한 관심을 높이는 요인으로 작용한다.

1. 1인 가구의 증가

최근 젊은 연령층이 결혼을 미루고 노인들도 자녀와 동거하지 않으면서 혼자 사는 가구가 증가하고 있다. 1인 가구 증가의 배경에는 초혼연령 증가, 고령화, 소득 향상, 개인주의 등이 있는 것이다.

표 3-1 1인 가구 비율과 평균 가구원수

구분	1980년	1990년	1995년	2000년	2005년	2010년	2015년	2016년	2017년
1인 가구 비율	4.8%	9.0%	12.7%	15.5%	20.0%	23.9%	27.2%	27.9%	28.6%
평균 가구원수	4.6명	3.8명	3.4명	3.1명	2.9명	2.7명	2.53명	2.51명	2.47명

※ 출처 : 통계청 인구주택총조사 결과 재구성

우리나라 1인 가구 증가율은 세계적으로도 빠른 수준이다. 통계청의 2017년 인구 주택총조사에 따르면, 가구원수 규모별로는 1인 가구가 28.6%로 가장 많았다. 이어 2인 가구(26.7%), 3인 가구(21.2%), 4인 가구(17.7%), 5인 이상 가구(5.8%) 등의 순이다.

1인 가구의 증가는 소비에서 여러 가지 신조어를 만들어내고 있다. 혼밥족(혼자서 밥을 먹는 사람들), 알봉족(과일 한 알과 시리얼 한 봉씩 등 제품을 소량 구매하는 사람들), 편도족(편의점 도시락을 애용하는 사람들), 포미족(개인별로 가치를 두는 제품에 과감한 투자를 아끼지 않는 사람들), 욜로족(YOLO · 현재 삶의 질을 높이는 소비생활에 충실한 사람들) 등이 대표적이다.

'포미족'은 건강(For health), 싱글족(One), 여가(Recreation), 편의(More convenient), 고가(Expensive)의 영어 알파벳 앞글자를 따서 만들어졌다. '욜로'는 '인생은 한 번뿐이다(You Only Live Once)'의 약어로 미래보다는 현재 자신의 행복을 가장 중요하게 생각하는 생활 패턴을 의미한다.

최근엔 '있어 빌리티'나 '쁘띠(Petit) 사치' 등의 신조어까지 나오고 있다. '있어 빌리티'는 '있어 보인다'와 '어빌리티(Ability · 능력)'의 합성어로 적은 돈으로도 근사하게 보이도록 연출할 때 쓰인다. 예를 들어 마트에서 구입한 1만원 상당의 저렴한 와인을 마시면서 마치 고급 와인바에서 마실 때와 같은 만족감을 느끼는 것이다. '뽀띠 사치'는 작게 누리는 사치를 뜻한다.[1] '소확행(小確幸)'은 작지만 확실한 행복을 추구하는 것을 말한다. 업계는 이러한 트렌드에 주목하고, 이에 맞춰 다양한 상품을 내놓고 있다.

또 1인 가구가 소비시장에서 갈수록 영향력이 커지고 있다는 점에 주목할 필요가 있다. 1인 가구의 소비지출은 2010년 60조원에서 2020년에는 120조원으로 증가할 전망이어서다. 1인 가구의 확대는 혼밥 · 혼술, 간편식 등 새로운 수요를 창출하면서 포장 외식에도 영향을 주고 있다. 혼밥족을 위한 가정간편식 · 도시락과 혼술족을 겨냥한 간편한 안주거리가 출시되고 있어서다.

1인 가구는 농식품 소비에서도 특징적인 점이 많다. 1인 가구는 대개 수산물 · 곡물 등의 소비는 줄이는 반면 빵 · 떡류 · 과자류 소비는 늘리는 경향을 보인다. 1인 가구는 또 김치 구매가 배추 구매보다 많다.

1인 가구는 2인 이상 가구에 비해 식료품비 지출 비중이 낮다. 또 2인 이상 가구의 같은 연령대에 비해 가공식품 구입과 외식 비중이

1 농민신문 2018년 3월 12일자 보도 내용

높다. 특히 편의점과 통신판매를 통해 구입하는 비중과 소용량으로 구입하는 비중이 높다. 간편화·소형화를 추구하는 경향이 뚜렷하고 외식에서는 배달이나 테이크아웃을 이용하는 비중이 높다. 이는 농식품 시장에서 소용량 제품과 간편식 수요 확대 경향으로 나타난다. 유통 부문에서는 편의점 수요 확대, 온라인 채널 확산 등에 영향을 미친다.[2]

2. 고령 인구의 증가

고령화는 이제 피할 수 없는 사회적 현상이다. 통계청 2017년 인구주택총조사 결과, 65세 이상 고령 인구는 711만 5000명으로 전체 인구의 14.2%를 차지했다.

이처럼 65세 이상 고령 인구가 갈수록 늘면서 농식품 소비 트렌드에도 많은 영향을 주고 있다. 고령화는 기능성 식품과 고령친화식품에 대한 수요를 늘릴 것이다.

고령화 가구는 곡물·수산물·채소류는 더 소비하는 반면 빵·육류가공품·유제품은 상대적으로 적게 소비하는 추세다. 고령화

2 이계임 외(2015), 『1인 가구 증가에 따른 식품시장 영향과 정책과제』, 한국농촌경제연구원

표 3-2 **65세 이상 고령 인구**

연도	1980년	1990년	2000년	2005년	2010년	2016년	2017년	2020년
비율	3.8%	5.0%	7.3%	9.3%	11.3%	13.6%	14.2%	15.6%

※ 출처 : 통계청 인구조사 결과 재구성. 2020년은 전망치임

추세가 이어지면 채소류 소비는 증가할 것으로 예상된다. 30대 이하에서는 김치 구매가 배추 구매보다 많으나 60대 이상은 배추 구매가 김치 구매보다 훨씬 높은 데서도 알 수 있다.

3. 정보통신기술의 발달

정보통신기술(ICT)의 발달과 편리성 등으로 스마트폰 가입자가 증가하고 있다. 2011년 2258만명에서 2015년은 4367만명으로 늘었다. 과학기술정보통신부의 2018년 2월 무선통신서비스 통계에 따르면, 2017년 12월 스마트폰 가입자수는 4865만 9934명으로 2016년 12월 스마트폰 가입자수 4641만 8474명보다 224만 1460명이 늘었다.

표 3-3 **스마트폰 가입자**

연도	2011년	2012년	2013년	2014년	2015년	2016년	2017년
가입자수	2258만명	3273만명	3752만명	4070만명	4367만명	4642만명	4866만명

※ 출처 : 과학기술정보통신부(2018), 무선통신서비스 통계 등 종합

이에 따라 유통시장의 중심축도 쇼핑의 편리성 등으로 모바일로 이동하고 있다. 통계청에 따르면 모바일쇼핑 거래액은 2016년 35조 5446억원에서 2017년은 47조 8360억원으로 34.6%나 성장했다. 2015년 온라인쇼핑 거래액은 모바일산업 성장 등에 힘입어 2001년에 비해 16.1배나 늘었다. 15년간 연평균 22% 성장한 것이다.

미디어 대체 현상도 마찬가지다. 디지털 미디어를 통한 뉴스 소비는 전통 미디어, 특히 텔레비전을 통한 뉴스 소비를 앞지르고 있다. 페이스북 등 소셜 미디어를 통한 뉴스 소비도 종이신문을 추월했다. 한국언론진흥재단의 '디지털 뉴스 리포트 2017 한국'에 따르면, '지난 일주일 동안 뉴스 출처로 사용한' 매체를 복수로 고르게 했을 때 세계 36개국 시장에서 디지털 미디어를 통한 뉴스 이용이 83%로 가장 높았고, 텔레비전 73%, 종이신문(시사 잡지 포함) 39%, 라디오 34%로 나타났다. 디지털 미디어를 통한 뉴스 소비가 모든 전통 미디어를 통한 뉴스 소비를 앞지르고 있는 것이다.[3)]

오프라인 매장에서 상품을 체험한 후 온라인 매장에서 구매하는

표 3-4 **모바일쇼핑 거래액**

연도	2015년	2016년	2017년
액수	24조 8570억원	35조 5446억원	47조 8360억원

※ 출처 : 통계청(2018), 2017년 연간 온라인쇼핑 동향

3 김선호 · 김위근(2017), 『디지털 뉴스 리포트 2017 한국』, 한국언론진흥재단

쇼루밍(Showrooming)도 새로운 소비 형태로 자리 잡아가고 있다.

농축수산물과 음식료품의 모바일쇼핑 거래액도 급성장하고 있다. 음식료품 모바일쇼핑 거래액은 2016년 4조 5787억원에서 2017년은 7조 2152억원으로 57.6%나 늘었다. 농축수산물 모바일쇼핑 거래액도 2016년 9537억원에서 2017년 1조 3249억원으로 38.9%나 증가했다. 이에 따라 농축수산물 모바일쇼핑 거래액은 2017년 처음으로 1조원을 돌파했다.

한국농촌경제연구원의 식품소비행태 조사 결과, 인터넷으로 식품을 구입하는 가구의 비율이 지속적으로 증가하고 있다. 조사대상 가구 중 인터넷으로 식품을 구입하는 비율이 2014년은 15.4%였으나 2015년은 19.0%, 2016년은 29.1%, 2017년은 30.2%로 증가했다. 인터넷으로 식품을 구입하는 가구 내 주구입자 10명 중 6명 이상은 모바일을 활용하는 것으로 나타났다.

정보통신기술(ICT)와 융합해 소비자 수요의 반영을 통해 국산 농축산물의 경쟁력을 높여야 농업이 지속될 수 있는 시대가 된 것이다.

표 3-5 **음식료품과 농축수산물 모바일쇼핑 거래액**

구분	2015년	2016년	2017년
음식료품	2조 8868억원	4조 5787억원	7조 2152억원
농축수산물	6564억원	9537억원	1조 3249억원

※ 출처 : 통계청(2018), 2017년 연간 온라인 쇼핑 동향

4. 농축산물 수입 증가와 다양화

자유무역협정(FTA) 체결이 증가함에 따라 농축산물 수입도 늘고 있다.

우리나라와 FTA를 체결한 국가는 칠레(2004년), 싱가포르(2006년), 아세안(2007년), 인도(2010년), EU(2011년), 페루(2011년), 미국(2012년), 터키(2013년), 호주(2014년), 캐나다(2015년), 뉴질랜드(2015년), 중국(2015년), 베트남(2015년), 콜롬비아(2016년) 등이다.

이에 따라 농식품 수입액은 늘고 있다. 2016년의 경우 FTA 체결국으로부터 수입된 농림축산물이 우리나라 농림축산물 전체 수입액의 82.7%에 달했다. FTA 이행에 따라 관세율이 인하되고 있는 것이 요인 중 하나로 작용했다. 한국농촌경제연구원은 한·미 FTA 이행 5년차인 2016년 미국산 축산물 수입가격이 관세율 인하로 12% 하락한 효과가 있는 것으로 추정했다. 다시 말해 FTA 이행 5년차 미국산 주요 축산물 수입가격이 FTA가 발효되지 않았을 때와 비교해 쇠고기는 9.6%, 돼지고기는 19.6%, 닭고기는 8.3%의 수입가격 하락효과가 있는 것으로 추정된다는 것이다. 쇠고기에 대한 FTA 관세율은 한미 FTA 발효 15년차가 되는 2026년에 모두 철폐될 예정이다.[4)]

또 aT(한국농수산식품유통공사)에 따르면 2017년 농림축산물 수입액은 322억 9356만달러(물량 기준 5288만 6342t)로 역대 최대치를 기록했다. 2016년 296억 7285만달러(5011만 2660t)에 비해 8.9%나 증가했다. 2013년 사상 처음으로 300억달러를 돌파한 농림축산물 수입액은 2016년 296억달러를 기록했다가 2017년 다시 300억달러를 넘어선 것이다.

2017년은 수입 쇠고기 · 돼지고기 · 양고기 · 과일 등의 공세가 거셌다. 쇠고기의 경우 24억 6171만달러어치가 수입돼 2016년(22억 8365만달러)에 비해 7.8% 증가했다. 돼지고기 수입액도 2016년 13억 6336만달러에서 2017년 16억 4038만달러로 20.3% 늘었다.

양고기도 인기가 높아지면서 수입이 크게 늘었다. 2017년 양고기(면양고기)의 수입액이 1억 867만달러로 전년에 비해 무려 81.9%나 급증했다. 오리고기의 경우 2017년 수입액 증가율이 전년 대비 262.3%에 달했다. 고병원성 조류인플루엔자(AI) 발생으로 수급에 문제가 생긴 것이 원인으로 풀이된다.

2017년 과일 수입액도 바나나 · 오렌지 · 레몬 등 대부분의 품목에서 증가세를 보였다. 수입 과일 중 가장 큰 비중을 차지하는 바나나의 경우 2017년 수입액이 3억 6514만달러에 달해 2016년보다 11.2% 늘었다. 오렌지도 2017년 2억 7428만달러어치가 수입돼 2016년 비해

4 지성태 외(2017), 『한 · 미 FTA 발효 5년, 농축산물 교역변화와 과제』, 한국농촌경제연구원, p.8

9.0% 증가했다. 포도(1억 8491만달러)와 레몬(4792만달러)의 수입액도 2016년보다 각각 5.4%와 12.0%나 늘었다.[5)]

특히 신선과일 수입량은 2000~2016년 연평균 5%씩 증가해 2016년에는 무려 75만 6000t을 기록했다. 수입 증가는 2018년 들어서도 계속되고 있다. 2018년 1월 과일 수입량이 역대 1월 수입량 중 가장 많은 것으로 기록될 정도다.

과거 봄철에 주로 이뤄지던 과일 수입이 이제는 때를 가리지 않고 연중 계속되는 실정이다. 물론 과일 수입 증가에는 FTA 이행으로 관세가 낮아지고 소비자들의 과일 선호도가 변한 것이 영향을 미치고 있다. 농민신문이 한국갤럽과 함께 전국 성인 1005명을 대상으로 2017년 7월 실시한 농식품 선호도 조사 결과, 좋아하는 과일 10위권에 수입 과일인 바나나 · 망고 · 체리가 포함된 데서도 알 수 있다.

이에 따라 전체 과일 수입액 중 신선과일의 비중도 높아졌다. 한국농촌경제연구원에 따르면 2016년 기준 전체 과일 수입액 중 신선과일과 가공과일의 비중은 각각 65.4%와 34.6%였다. 이는 2000년에 비해 신선과일의 비중이 13.6%포인트 상승한 것이다. 가공과일 중에서는 주스류 수입량은 정체된 반면 건조 · 냉동 과일은 증가세를 보였다.

5 농민신문 2018년 3월 26일자 보도 내용

과일 수입은 앞으로 더 늘어날 전망이다. 과일 수입량은 작황에 따라 증감을 반복하지만 관세 인하, 품목 다양화, 수입국 다변화 등의 영향으로 증가추세는 이어질 전망이다.[6)]

세계 과일 재배면적은 지속 증가하고 있다. 특히 우리나라 소비자들에게 인지도가 높아진 바나나 · 파인애플 · 망고 등의 재배면적이 크게 늘었다. 한국농촌경제연구원에 따르면 세계 과일 재배면적은 2000년 8936만 8000㏊에서 2016년은 1억 1418만 3000㏊로 27.7%나 늘었다. 바나나 · 파인애플 · 망고의 재배면적은 이 기간 35.3%나 증가했다. 주요 수입 과일의 2017년 수입량은 평년보다 대부분 늘었다. 수입량이 가장 많은 바나나는 2017년 43만 7380t이 수입돼 평년보다 20%나 증가했고, 체리도 2017년 1만 7666t이 수입돼 평년보다 34%나 늘었다. 바나나 수입량은 세계 14위이다.

과일 수입 증가는 국산 과일 소비기반을 잠식하면서 국내 농가에 타격을 주고 있다. 2000년 17만 3000㏊에 달했던 우리나라 과일 재배면적이 2016년 16만 6000㏊로 감소한 데서도 알 수 있다. 이 기간 배 재배면적이 57.7%나 급감했고, 포도도 48.3% 줄었다.

우리나라로 수입되는 농축산물의 품목도 다양해지고 있다. 과거에는 대표적인 수입 과일이 바나나 · 파인애플 · 오렌지 · 포도 · 키위

6 김성우 외(2018), 『과일 수급 동향과 전망』, 한국농촌경제연구원, p.533

등이었으나 현재는 체리 · 망고 · 레몬 등으로 품목이 확대됐다. 이는 FTA 체결국가가 늘어난 것과도 무관치 않아 보인다.

이에 따라 수입국가도 다변화되고 있다. 2017년을 기준으로 오렌지 수입량은 미국으로부터가 가장 많지만, 남아공 · EU(유럽연합) · 칠레에서도 상당량 수입됐다.

포도 수입량은 칠레로부터 가장 많고, 미국, 페루 등의 순이다. 키위 수입량은 뉴질랜드로부터가 가장 많지만, 칠레와 EU에서도 들여온다. 체리 수입량은 미국으로부터가 가장 많지만, 호주 · 뉴질랜드 · 우즈벡에서도 수입된다.

온대과일은 미국(오렌지 · 체리 · 자몽 · 레몬), 칠레(포도), 뉴질랜드(키위)로부터의 수입 비중이 높다. 열대과일은 필리핀(바나나 · 파인애플 · 망고)으로부터의 수입 비중이 높다. 특히 오래전부터 수입돼온 바나나뿐 아니라 최근 수입이 급증한 망고와 체리 등이 소비자들의 입맛을 사로잡고 있다.

김치도 수출은 줄어든 반면 수입은 늘고 있다. 김치 수입액은 2010년 1억 201만 800달러에서 2014년 1억 439만 6000달러, 2015년

표 3-6 **농림축산물 수입액**

연도	2004년	2008년	2012년	2016년	2017년
수입액	112억달러	201억달러	294억달러	297억달러	323억달러

※ 출처 : 농림축산식품부(2018), 업무보고 자료

표 3-7 **수요 신선과일 수입량과 주요국가 비중** (단위 톤)

품목	구분	2005년	2012년	2017년
오렌지	수입량 (미국 비중)	123,048 (95.1%)	173,943 (96.0%)	141,572 (93.0%)
포도	수입량 (칠레 비중)	13,353 (83.7%)	54,192 (86.0%)	51,268 (67.1%)
바나나	수입량 (필리핀 비중)	253,974 (99.0%)	367,673 (98.7%)	437,380 (78.8%)
파인애플	수입량 (필리핀 비중)	48,763 (99.6%)	73,131 (99.8%)	78,998 (88.8%)
망고	수입량 (필리핀 비중)	762 (80.8%)	2,839 (38.2%)	13,426 (24.7%)
키위	수입량 (뉴질랜드 비중)	26,751 (72.8%)	28,945 (69.6%)	28,147 (78.8%)
체리	수입량 (미국 비중)	987 (87.9%)	9,454 (98.6%)	17,666 (90.7%)
석류	수입량 (미국 비중)	7,485 (0.0%)	8,823 (98.6%)	3,948 (99.9%)
자몽	수입량 (미국 비중)	1,532 (100.0%)	10,452 (83.1%)	22,998 (48.6%)

※ 출처 : 한국농촌경제연구원(2018), 농업전망 II

1억 1323만 7000달러에 달했다. 우리나라의 김치 수입량은 대부분이 중국으로부터다.

5. 우리 농산물 구매충성노 하락

우리 농축산물 구매충성도가 하락하고 있다. 외국산에 비해

표 3-8 2015년 품목별 수입액 (단위 달러)

구분	농산물	축산물	임산물	수산물	계
금액	178억 9610만	57억 2800만	65억 9140만	45억 5450만	347억 7000만

※ 출처 : 농림축산식품부

가격이 비싸도 우리 농산물을 구매한다는 의견이 감소하고 있어서다. 한국농촌경제연구원의 '농업 · 농촌에 대한 2017년 국민의식 조사 결과'에서 '외국산에 비해 가격이 비싸더라도 우리 농산물을 구매할 것이다'라는 소비자 비율은 24.2%로 나타났다. 이는 2010년 45.1%에 비하면 급락한 것으로 그만큼 국산 농축산물 구매충성도가 낮아지고 있음을 방증한다.

이에 비해 '우리 농산물이 외국산에 비해 가격이 훨씬 비싸면 수입 농산물을 구매할 것이다'라는 응답 비율이 2017년은 34.4%로 2010년의 28.3%에 비해 높아졌다.[7]

표 3-9 국산 농축산물 구매충성도 (단위 %)

연도	2007	2008	2009	2010	2011	2012	2013	2014	2015	2016	2017
충성도	33.7	38.0	37.0	45.1	39.1	34.1	30.4	29.5	21.0	32.8	24.2

※ 자료 : 한국농촌경제연구원(2017), 『농업 · 농촌에 대한 2017년 국민의식 조사 결과』, p.38
※ '수입 농산물에 비해 가격이 비싸더라도 우리 농산물을 구매할 것이다'라는 응답 비율을 국산 농축산물 구매충성도로 봄

7 한국농촌경제연구원(2018), 『농업 · 농촌에 대한 2017년 국민의식 조사 결과』, p.37

돈이 보이는
농식품 소비 트렌드

제4장

가구별 농산물 장바구니

1. 농식품 구매액 변화
2. 품목별 구매액 변화
3. 품목별 소비 변화 전망
4. 가구원 속성에 따른 마케팅

가구별 농산물 바구니

농촌진흥청이 농식품 소비자패널을 가구원수, 연령, 자녀 구성을 기준으로 다섯 가지 가구 유형별로 분류해 농식품 구매 변화를 7년간(2010~2016년) 추적한 후 품목별로 분석했다.

첫 번째 가구 유형은 2인 가구, 30대+40대 초 · 중반, 맞벌이 부부, 자녀가 없는 가구다.

두 번째 가구 유형은 2인 가구, 50대 중 · 후반, 외벌이, 동거 자녀가 없는 가구다.

세 번째 가구 유형은 3인 가구, 30대, 외벌이, 자녀수 1명(유아 또는 유치원생 자녀) 가구다.

네 번째는 4인 가구, 40대 후반, 맞벌이 부부, 자녀수 2명(고등학생과 대학생 자녀) 가구다.

다섯 번째는 5인 가구, 40대 초반, 외벌이, 자녀수 3명(유치원생,

초 · 중학생) 가구다.

그 결과는 다음과 같다.

1. 농식품 구매액 변화

지난 7년간(2010~2016년) 외식을 제외한 전체 농식품 구매액은 2인 맞벌이 가구를 제외하고 모두 증가했다. 2인 맞벌이 가구의 경우 외식이 가정 내 농산물 및 가공식품의 섭취를 대신하는 것으로 판단된다.

신선농산물 구매는 2인 맞벌이 가구나 50~60대 후반 가구에서 감소했다. 이는 취업이나 고령으로 조리에 어려움을 겪고 있기 때문으로 분석된다. 가공식품 구매는 2인 가구와 고등학생 · 대학생을 자녀로 둔 4인 가구에서 감소했는데, 이는 외식비 지출 증가에서 기인한 것으로 보인다.

2. 품목별 구매액 변화

쌀은 2013년을 분수령으로 모든 가구 유형에서 구매액이 감소했다. 채소류는 5인 가구 이외의 모든 가구 유형에서 구매가 줄었다. 특히

30대 맞벌이 2인 가구에서 구매액이 크게 감소했다. 과일류 구매는 40대 후반 4인 가구에서 가장 많으나 큰 변화는 없었다.

국내산 쇠고기는 50~60대 연령층 2인 가구를 제외하면 모든 가구 유형에서 구매액이 늘었다. 수입쇠고기 구매액은 모든 가구에서 늘었는데, 50~60대 연령층인 2인 가구의 구매액이 많을 뿐만 아니라 증가폭도 컸다.

국내산 돼지고기는 모든 가구에서 증가했는데, 특히 40대 연령층 5인 가구에서 구매액이 가장 크게 늘었다.

사과는 모든 가구 유형에서 가장 많이 자주 먹는 과일 1순위로 나타났다. 최근에는 복숭아가 선호하는 과일로 부상하고 있다. 맞벌이 가구에서 가장 즐겨 먹는 과일 5순위 안에 수입 과일인 바나나가 포함돼 있다.

3. 품목별 소비 변화 전망

2010~2016년까지의 소비자 장바구니 변화에 비춰볼 때 앞으로의 장바구니 변화는 가구 특성에 따라 다를 것으로 예측된다. 전체적으로 곡물과 채소류는 구매가 줄고, 과일과 과채류는 현상유지 또는 정체가 전망된다. 육류와 가공식품은 구매가 증가할 것으로 예상된다.

1~2인 가구와 고령층의 증가에 따라 손질 및 조리가 불편한

신선채소류 구매는 감소할 것으로 보인다. 반면 가격이 저렴한 수입 농축산물의 비중은 증가할 것으로 전망된다.[1)]

4. 가구원 속성에 따른 마케팅

농식품의 품목별 지출은 가구원의 속성에 따라 많은 영향을 받는다. 따라서 수요 확대를 위해서는 주 고객층을 중심으로 홍보를 하고, 특정 계층의 지출 집중도가 높은 경우에는 이를 더욱 강화할 필요가 있다. 장기적으로는 품목별로 지출 유발이 적은 계층의 원인을 파악하고, 이에 대응하기 위한 재배기술과 품목을 개발할 필요가 있다.

1 김성용 · 이병서(2017), 『10대 이슈로 본 농식품 구매 트렌드』, 농촌진흥청

돈이 보이는
농식품 소비 트렌드

제5장

변화하는 농식품 소비 트렌드

1. 편리함과 간편화
2. 소량화와 소포장
3. 소비 품목의 다양화
4. 건강 추구와 안전 지향
5. 가성비와 가심비
6. 가치 소비와 윤리적 소비
7. 농식품 구입 시 중시도

변화하는 농식품 소비 트렌드

농식품 소비 트렌드를 변화시키는 요인은 다양하다. 소득, 가격, 여성의 사회진출, 인구 및 세대 구성, 소비자 선호, 기술의 발달 등이 있다.

소득이 높아지면 농식품 소비는 고급화, 안전, 건강 지향으로 가면서 고품질 추구가 나타난다. 경쟁이 격화돼 농식품 가운데 대체재 가격이 하락하면 가격하락 압박을 받으면서 소비자들의 가격민감도를 자극한다.

여성의 사회진출이 증가하면 시간에 대한 기회비용 상승에 따라 농식품 소비는 간편화 경향으로 흐른다. 식품 가공 · 저장 기술의 발달은 수평적 · 수직적 제품 차별화로 이어지면서 농식품 소비의 다양화 · 고급화로 나타난다.

1. 편리함과 간편화

농식품 구입에서 시간을 절약하고자 하는 경향이 최근 뚜렷해지고 있다. 여성의 사회진출이 활발해지면서 식품 생산이나 소비에 있어서 시간에 대한 기회비용이 상승함에 따라 농식품 구매에서도 간편화 추구가 나타나고 있는 것으로 보인다.

간편화 트렌드는 소비자들이 간편하게 구입 · 조달 · 조리해 빠르고 손쉽게 먹을 수 있는 식품을 선호하는 경향성을 말한다. 1인 가구에서는 한번에 쓰레기 없이 먹고 치울 수 있는 소량의 제품을 선호한다.

한국농촌경제연구원의 분석 결과, 이 트렌드를 대표하는 키워드에는 간단 · 간편 · 가정간편식, 편리 · 편의점, 스마트폰 · 모바일앱 · 어플, 배달 · 테이크아웃 · 패스트푸드, 소포장 · 즉석밥 · 편의점도시락, 푸드트럭 등을 포함한다. 이러한 간편화 트렌드는 지속적인 확산 추세를 보이고 있는 것으로 분석됐다.[1)]

세척 및 절단 농식품 구매가 늘고 배달과 테이크아웃이 확대되고 있는 데서도 이런 경향을 확인할 수 있다. 간편식재료 구매도 지속적으로 늘고 있다. 농촌진흥청의 소비자패널 조사 결과,

1 이계임 · 김상효 · 허성윤(2017), 『식품 소비구조 변화와 트렌드 전망』, 한국농촌경제연구원, p.121~122

대표적으로 깐마늘 · 깐노라지 · 깐더덕 · 깐파 등의 2017년 구매액이 2010년에 비해 15~60%나 증가했다. 깐마늘 구입액은 소포장 및 품질관리, 소비자의 편의성 증대로 늘었다.

과일 소비에서도 편리함과 간편화 경향이 뚜렷해지고 있다. 농민신문과 한국갤럽이 2017년 7월 국민 1005명을 대상으로 실시한 농식품 선호도 조사 결과, 딸기가 좋아하는 과일 1위를 차지했다. 딸기가 하나씩 먹기도 편한 편의성에다 맛 · 모양을 모두 갖췄기 때문이다.[2)]

반면 과육이 단단하고 껍질을 깎아야 하는 번거로움 등이 있는 과일은 소비량이 갈수록 줄고 있다. 1인당 연간 배 소비량은 2008년 9.2kg에서 2016년 4.1kg으로, 단감은 4.3kg에서 2.5kg으로 줄었다.

생과를 껍질째 소비하는 사례가 늘어나면서 자연스럽게 세척 과일 소비 증가로 이어진다. 껍질째 먹기 때문에 껍질에 묻어 있는 잔류 농약 등 불순물에 대한 우려로 세척된 형태로 판매되는 과일이나 세척이 편리한 과일에 대한 니즈로 연결되는 것이다.

김치를 구입하는 경우도 마찬가지다. 농촌진흥청의 소비자패널 조사 결과, 김치를 구입하는 가장 큰 이유는 '집에서 김치 담그는 것이 번거롭다'가 32.8%로 가장 많았고, '집에서 김치를 담글 시간이 없다'가

2 농민신문 2017년 8월 11일자, 『한국인이 좋아하는 과일 TOP5는?』

농식품 간편화 트렌드를 대표하는 세척 사과 (사진 농민신문)

11.5%, '김치를 담그는 법을 모른다'가 7.3% 등의 순으로 나타났다. 또 한국농촌경제연구원의 2017년 농식품소비행태 조사 결과에서도 김치를 직접 만들어 조달하는 비중은 2015년 56.2%에서 2016년은 51.0%, 2017년은 47.8%로 지속적으로 줄고 있다. 편리함을 추구하는 경향에 따라 김치 구매형태도 '신선배추 → 절임배추 → 포장김치'로 바뀌고 있다.

2. 소량화와 소포장

맞벌이 가구의 증가로 소량포장 농산물이 인기를 끌고 있다. 쇠고기와 돼지고기도 소량단위 구입이 늘고 있고, 수박도 절단수박 구입이 늘고 있다.

과일의 경우 중소과 선호추세가 더욱 뚜렷해지고 있다. 한국농촌경제연구원에 따르면 가정 소비용으로 중소과 선호비중은 상승한 반면 대과 선호비중은 하락했다. 선물용으로도 중소과 소비 트렌드가 영향을 주고 있다. 이는 과일 가격에도 영향을 주고 있다. 한국농촌경제연구원이 사과 중량별 가격수준 변화를 분석한 결과, 2017년에 대과 대비 중·소과 가격은 2010년보다 9~22% 상승한 반면 특·대과 가격은 12% 하락한 것으로 나타났다.[3] 소비자들이 가정용으로 소비하는 사과·배 등은 중과가 압도적으로 많다.

쌀의 경우도 대용량 포장 쌀 소비는 감소하고 있는 반면 소용량을 구입하는 비중은 확대되고 있다. 한국농촌경제연구원의 2017년 농식품소비행태 조사 결과, 흰쌀 구입단위가 20~30kg인 가구의 비율은 2015년 60.5%였으나 2016년은 57.2%, 2017년은 55.7%로 줄었다. 반면 10~20kg 미만 단위로 흰쌀을 구입하는 가구 비율은 2015년 27.5%에서 2016년 31.9%, 2017년 35.1%로 증가했다.

특히 찹쌀·현미·특수미에서 소포장 위주로 구입하고 있다. 농촌진흥청의 조사 결과, 찹쌀·현미·특수미는 4kg 단위 구입이 가장 많았다. 백미는 20kg 단위가 30.5%, 10kg 단위가 17.7%로 나타났다.

채소도 비닐봉투 등 소포장 형태로 구입하는 비중이 높아지고 있다.

3 김성우 외 (2018), 『과일 수급 동향과 전망』, 한국농촌경제연구원, p.487

한국농촌경제연구원의 2017년 식품소비행태 조사 결과, 소포장 형태 구입 가구 비중은 2015년 35.6%에서 2016년 40.7%, 2017년 47.1%로 늘었다.

토마토도 썰지 않고 먹을 수 있는 크기와 1회 소비가 가능한 소포장을 선호하고 있다. 농촌진흥청의 조사 결과 일반 토마토의 선호하는 크기는 중간(150~180g)이 80.3%, 소과(150g 이하) 18.1%, 대과(180g 이상) 1.6% 순으로 나타났다.

수박도 크기가 작은 것을 선호하는 경향이 나타난다. 농촌진흥청의 조사 결과, 소비자들이 수박 구입 시 선호하는 크기는 8kg(축구공 크기 정도)가 42.8%로 가장 많았고, 이어 10kg(농구공 크기 정도)가 27.2%, 6kg(배구공 크기 정도)가 15.7% 등의 순으로 나타났다.

김치도 소용량 구입 비중이 늘고 있다. 한국농촌경제연구원의 2017년 농식품소비행태 조사 결과, 김치 구입단위가 1kg 이하인 비중은 2015년 25.6%에서 2016년 29.6%, 2017년 32.2%로 증가했다. 반면 김치 구입단위가 10kg 이상인 비중은 2015년 27.6%에서 2016년 16.4%, 2017년 16.0%로 감소했다. 농촌진흥청의 무 크기 선호도 조사

표 5-1 수박 구입 시 선호하는 크기

(단위 %)

수박 크기	6kg (배구공 크기)	8kg (축구공 크기)	10kg (농구공 크기)	상관 없음	기타	무응답
비율	15.7	42.8	27.2	12.8	1.1	0.4

※ 출처 : 임인섭(2016), 『농촌진흥청 2016 농식품 소비 트렌드 분석』, p.274

결과 30cm 정도가 54.8%로 가장 높고, 20cm가 28.4%로 40cm 정도 크기 선호도인 15.2%보다 훨씬 높다.

감귤은 소포장 규격 변화에 따라 단가가 상승하는 추세를 보이고 있다. 10kg 상자 출하비중이 2010년 97%에서 2016년은 32%로 감소한 반면 5kg 상자의 출하비중은 2010년 2%에서 2016년 67%로 증가했다. 2016년 기준 포장규격별 1kg당 가격을 비교해 보면 10kg 상자 단위에서의 단가(1105원)에 비해 5kg 상자의 단가(1635원)가 48%나 높았다.[4)]

중 · 소과 소비가 트렌드로 자리 잡으면서 대과와 중 · 소과의 가격이 역전되는 현상도 나타났다. 토마토는 대과와 소과의 가격이 역전됐다. 일반 토마토 가격이 2005년은 크기가 클수록 높았으나 2011년 이후 소과의 가격이 높아졌다. 크기가 '특대'인 토마토 1kg 가격이 2005년에는 1418원이었으나 2015년은 1377원으로 내려간 반면, 크기가 '소' 인 토마토 1kg당 가격은 2005년 699원에서 2015년 2491원으로 높아졌다.

방울토마토도 마찬가지다. 2010년 이후 '특대'는 값이 낮아진 반면 '중' '소' 크기는 값이 상승했다. '특대' 1kg당 가격은 2005년 1835원에서 2015년은 1618원으로 낮아졌지만, '소' 1kg당 가격은

4 한국농촌경제연구원(2018), 『농업전망 2018 Ⅱ』, p.502

소포장해 눈길 끄는 파프리카 (사진 농민신문)

2005년 1183원에서 2015년 2071원으로 높아졌다. 방울토마토 '소' 크기가 '대' 크기보다 가격이 높아진 역전현상이 나타난 것이다. 파프리카도 최근 미니파프리카 시장이 확대되고 있다. 농촌진흥청에 따르면 미니파프리카의 전국 도매시장 반입량은 2010년에는 847kg에 불과했으나 2014년 1만 2461kg으로 늘어난 데 이어 2018년은 1~7월만 해도 10만 4394kg에 달했다. 소비자들은 미니파프리카를 구입하는 이유로 '크기가 작아 샐러드나 생식으로 먹기 편해서'를 들었다.[5]

3. 소비 품목의 다양화

과거 쌀을 주식으로 하던 농식품 소비형태가 최근 들어 빵 · 면 · 떡류

5 김성섭 · 위태석(2018), 『파프리카, 조연에서 주연으로?』, 농촌진흥청, p.191

등으로 다양화되고 있다. 수입개방의 확대로 농식품에 대한 선택의 폭이 넓어졌다.

또 최근 한번에 다양한 쌈채류를 구매하고자 하는 경향이 높아지면서 모듬쌈 소비가 늘고 있다. 농촌진흥청의 조사 결과, 모듬쌈을 구매한 가구가 2010년에 비해 2015년은 16% 증가했다. 구입액도 2010년에 비해 2015년은 24% 늘었다. 쌈채류 가운데 구매빈도가 높은 기타 쌈채류는 치커리 · 쑥갓 · 청경채 · 호박잎 · 케일 등이다. 농촌진흥청의 조사 결과, 청경채와 케일 등은 2010년 이후 구매자수가 지속적으로 늘고 있다.

4. 건강 추구와 안전 지향

소비자들은 건강에 대한 관심이 높다. 한국언론진흥재단이 우리 국민들이 어떤 뉴스 주제에 가장 많은 관심을 갖는지를 분석한 결과, 19개 분야 중 '건강'이 1위로 나타난 데서도 알 수 있다.[6]

건강 추구와 안전 지향 트렌드는 안전한 농식품을 소비함으로써 궁극적으로 건강한 삶을 살고자 하는 요즘 소비자의 의지가 반영된

6 양정애(2015), 『스마트 미디어시대 뉴스/정보 콘텐츠 선호』, 한국언론진흥재단

트렌드다. 한국농촌경제연구원의 분석 결과 이 트렌드를 대표하는 키워드는 지방, 다이어트, 건강식품, 샐러드, 토마토, 채식주의, GAP 인증, GMO 작물 안전성, HACCP 인증, 무첨가, 무농약 등을 포함한다. 이러한 건강 · 안전 지향 트렌드는 여러 농식품 소비 트렌드 가운데 비중이 가장 높다.[7]

이러한 건강 추구는 친환경농식품 구매 트렌드로 이어진다. 현대사회에서 농식품 소비는 건강 증진이 정책 및 대중적 차원에서 중요한 이슈로 제기되고 있다.

친환경농축산물은 환경을 보전하고 소비자에게 보다 안전한 농축산물을 공급하기 위해 농약과 화학비료 및 사료첨가제 등 화학자재를 사용하지 않거나 최소량을 사용해 생산한 농축산물을 말한다. 친환경식품은 합성농약, 화학비료 및 항생제 · 항균제 등 화학자재를 사용하지 않거나 그 사용을 최소화하고 농업 · 수산업 · 축산업 · 임업 부산물의 재활용 등을 통해 생태계와 환경을 유지 · 보전하면서 생산된 농산물 · 수산물 · 축산물 · 임산물을 말한다.

한국농촌경제연구원의 '농업 · 농촌에 대한 2017년 국민의식 조사' 결과 농식품 안전성 문제가 향후 국산 농축산물 소비량에 미치는 영향에 대해 농민의 86.2%, 도시민의 85.6%가 '있다'고 응답했다.

7 이계임 · 김상효 · 허성윤(2017), 『식품 소비구조 변화와 트렌드 전망』, 한국농촌경제연구원, p.121

농식품 안선성 문제가 농축산물 소비 변화에 큰 영향을 미치는 것으로 나타난 것이다.

그래서 친환경농산물을 선호하는 경향이 높다. 농민신문과 한국갤럽이 2017년 7월 국민 1005명을 대상으로 한 농식품 선호도 조사 결과, 가격을 고려하지 않는다고 가정할 경우 쌀 종류 중 '친환경 인증 쌀'에 대한 선호가 가장 높게 나타난 것도 이런 건강 지향을 반영한 것으로 분석된다. 실제 소득이 높을수록 비싼 쌀을 구입하는 경향을 보인다. 농촌진흥청이 소득과 쌀 구입가격을 조사한 결과, 월소득 600만원을 초과하는 소비자의 쌀 1kg당 구입가격은 2548원이었고, 월소득 200만원 이하는 2219원으로 나타났다. 친환경 쌀을 구입한 경험이 있는 가구는 일반 쌀을 구입한 가구보다 소득이 높았다.

건강 추구와 안전 지향 트렌드는 이 밖에도 다양한 부문에서 나타난다. 3저(저당 · 저염 · 저포화지방) 식품에 대한 관심이 증가하고 있으며, 소비자에게 친환경농산물을 세트로 배달해주는 친환경농산물 꾸러미사업도 확대되고 있다. 유기농식품, HACCP(해썹 · 식품안전관리인증기준), GAP(우수농산물관리) 등 원료나 제조과정에서 안전성이 검증된 농식품에 대한 관심도 높아지고 있다.

특히 안전을 지향하는 소비 트렌드가 확산되고 있다. 다양한 식품안전 사고로 인해 소비자의 식품선택 행동에서 식품안전에 관련된 인식이 높아진 것이다. 농식품 안전성은 폭발력이 크고 수요를 결정하는 중요한 요소로 작용한다.

2017년 8월 허용기준치를 초과한 살충제 성분이 잔류된 달걀이 시중에 유통된 사실이 밝혀지면서 농식품 안전성 문제가 중대한 사회적 이슈로 대두됐다. 이는 주요 먹거리인 달걀에 대한 불신으로 이어졌고, 소비자와 선의의 생산자 모두에게 큰 피해를 불러왔다. 달걀 안전에 대한 소비자의 부정적 인식이 크게 높아졌기 때문이다.

이에 따라 식품사고 발생 시 신속하고 효과적으로 대응하기 위해 식품안전관리체계를 정비할 필요성도 대두됐다. 동일 사안에 대해 부처별 접근 방식이 다르고, 이에 따른 개별 부처 중심의 대체는 정부의 일관된 대응책 수립에 장애가 되고 있어서다.

현재 식품안전 관련 법으로는 식품안전기본법, 식품위생법, 축산물위생관리법, 농수산물품질관리법, 학교급식법 등이 있다. 식품안전기본법은 식품의 안전에 관한 국민의 권리 · 의무와 국가 및 지방자치단체의 책임을 명확히 하고 식품안전 정책의 수립 · 조정 등에 관한 기본적인 사항을 규정함으로써 국민이 건강하고 안전하게 식생활을 영위할 수 있도록 하기 위한 법이다. 식품위생법은 축산물을 제외한 국내 식품에 대한 기준 규격 제정 및 식품안전 검사, 위생시설 관리 등을 포함하고 있다. 축산물위생관리법은 축산물의 위생적인 관리와 그 품질 향상을 위해 가축의 사육 · 도살 · 처리와 축산물의 가공 · 유통 및 검사에 필요한 사항을 규정하고 있다.

5. 가성비와 가심비

가성비 열풍에 이어 가심비가 새로운 트렌드로 부상하고 있다.

가성비(價性比)는 가격 대비 성능을 뜻하고, 가심비(價心比)는 구매에 대한 심리적 만족을 의미한다. 더 큰 심리적 만족을 준다면 가격에 대한 저항이 현저히 낮아지는 현상을 뜻하는 가심비는 가성비에 비해 주관적 · 심리적 특성이 더해진 개념이다. 가정간편식(HMR) 가운데 전문점 수준의 맛과 멋을 낸 프리미엄 제품 등이 그 예다. 이는 소비자들이 식품을 구매하거나 외식을 결정할 때 같은 값이라도 품질이 좋은 식품을 선택하거나 같은 품질이라도 값이 저렴한 식품을 선택하는 합리화 소비 트렌드와도 연계된다.

소비자들의 가성비 추구 경향은 대형 유통점의 노브랜드 제품, 편의점의 도시락, B급 물품 소비의 일상화로 나타난다. 가성비 추구는

프랑스에서 인기 끈 못난이 채소로 만든 통조림
(사진 프랑스 'LSA' 홈페이지)

농축산물 소비에서는 못난이 또는 등외품 과일, 육류에서는 비선호 부위 구매 증가로 이어진다.

실제 가성비를 중시하는 실속파 소비자들이 등장하면서 싸고 맛있는 '못난이 과일'의 구매가 늘고 있다. 못난이 과일은 외관의 흠집 때문에 정품에서 탈락한 과일로, 겉모습은 예쁘지 않지만 맛과 당도는 정상 과일(A급 제품)과 큰 차이가 없다. 이러한 못난이 과일은 정상 과일보다 20~30% 저렴한 가격으로 판매되면서 가성비를 중시하는 소비자들의 선호도가 높다.

해외에서도 못난이 농산물을 다시 보는 사례가 많다. 농촌진흥청에 따르면 영국의 한 슈퍼마켓이 못난이 채소인 '웡키 베지 박스(Wonky Veg Box)'를 못생겼지만 저렴하다는 내용으로 광고해 선풍적인 인기를 끌었고, 미국의 대형마트인 월마트에서도 2016년부터 못난이 농산물을 판매하기 시작해 큰 호응을 얻고 있다고 한다. 또 일본에서도 못생긴 과일이나 채소를 이용해 식품을 제조하는 기업이 늘고 있다는 것이다.

이처럼 못난이 농산물은 농가에게 추가적인 소득을 제공하고 소비자에게 저렴한 가격으로 판매돼 농가 · 소비자 · 유통업체 모두의 상생에 기여한다는 평가를 받고 있다.

우리나라도 못난이 과일의 구매가 늘고 있다. 농촌진흥청의 분석 결과, 못난이 과일의 구매액은 2014년 이후 늘어나고 있다. 사과와 배의 경우 못난이 과일의 가구당 연간 구매액은 2012년 108원에서 2014년 175원으로, 2016년은 556원으로 늘었다.

축산물 소비에서도 가성비를 중시하는 경향이 나타난다. 돼지고기 부위 가운데 삼겹살이 가장 많이 소비되고 있지만, 최근은 앞다리살 구매도 늘고 있어서다. 앞다리살은 삼겹살에 비해 가격이 저렴하다.

못난이 과일과 채소의 판매를 지속적으로 확대하기 위해서는 하품 이미지를 해소하고, 가격과 맛 등 가성비의 우수성을 강조하는 전략이 필요하다.[8)]

6. 가치 소비와 윤리적 소비

가치 소비는 윤리적 소비와도 연결된다. 윤리적 소비는 소비자들이 가격이나 품질 등을 통한 자기만족이나 효용의 극대화를 고려하는 수준을 뛰어넘어 사회 전체의 분배 · 환경 · 공정성 · 가치관, 식품기업의 윤리 수준 등도 주요 소비 기준으로 추구하는 경향성을 말한다. 한국농촌경제연구원의 분석 결과, 이 트렌드의 대표적인 키워드는 자연, 유기농, 로컬푸드 · 직거래, 공정무역, 가치 소비, 유전자변형, 환경보호, 착한식당, 탄소마일리지, 생명윤리 등을 포함한다.[9)]

윤리적 소비는 식품안전사고의 여파로 공정무역 중심에서 일상생활

8 김성용 · 이병서(2017), 『10대 이슈로 본 농식품 구매 트렌드』, 농촌진흥청
9 이계임 · 김상효 · 허성윤(2017), 『식품 소비구조 변화와 트렌드 전망』, 한국농촌경제연구원, p.121

전반으로 '착한기업'에 대한 선호가 증가하는 경향이다. 오뚜기식품에 비정규직이 없다는 사실이 큰 화제가 되면서 '갓뚜기'란 말을 만들어낸 데서 여실히 드러난다.

동물복지 인증제에 대한 관심이 늘면서 동물복지 브랜드도 등장했다. 동물복지 인증 축산물 박람회가 열린 서울 중구의 한 백화점 식품관은 평일 저녁임에도 손님들로 북적일 정도로 관심이 높았다. 가격이 다소 비싼 동물복지 인증 축산물을 일반 상품 수준으로 할인 판매해서다. 이곳을 찾은 소비자들은 조금 비싸더라도 동물복지 인증 축산물을 사 먹는 편이라고 말한다. 좋은 환경에서 키워진 동물들은 상대적으로 스트레스가 적어 몸에 좋을 것 같다는 반응이다.

이처럼 동물복지 인증 축산물을 찾는 소비자가 늘면서 유통업계도 동물복지 인증을 획득한 축산물 판매에 적극 나서고 있고, 판매액도 성장세다.

동물복지 인증 축산물 공급량을 늘리려면 제도적 지원이 필요하다고 전문가들은 지적한다. 아직까지 동물복지 기반이 제대로 조성돼 있지 않아서다.[10]

10 농민신문 2018년 4월 2일자 보도 내용

7. 농식품 구입 시 중시도

소비자들이 농식품을 구입할 때 과거에는 가격을 중시했지만 최근에 가격 외에도 품질 · 신선도 · 맛 · 안전성 등도 함께 중요하게 고려하고 있다. 특히 과일은 종류가 다양해지면서 품질과 맛, 취급 및 섭취 편리성을 중시하는 경향이 뚜렷해지고 있다.

품목별로는 과일을 고를 때 '신선도'와 '당도'를 중요하게 생각하고, 육류를 고를 때는 '신선도'와 '품질'을 중시한다.

농민신문과 한국갤럽이 2017년 7월 국민 1005명을 대상으로 농식품 선호도를 조사한 결과, 과일을 고를 때 중요한 기준으로는 '신선도(40.9%)'와 '당도(39.9%)'가 얼추 비슷한 비율로 나왔다. '가격(10.9%)'이나 '원산지(3.2%)'보다는 얼마나 맛있고 신선한지를 더 중시하는 것이다. 쇠고기 등 육류를 고를 때도 '신선도'를 가장 중요하게 생각한다는 응답이 가장 많았고, 그 다음으로 '품질' '가격' 등이었다.

도시민들이 식품 구매 시 중요하게 생각하는 것은 무엇일까.

한국농촌경제연구원의 '농업 · 농촌에 대한 2017년 국민의식 조사' 결과, 도시민들이 식품 구매 시 중요하게 생각하는 것은 '품질'이 가장 높았고, 다음으로 '가격' '지리적 원산지' 등의 순이었다.

구입 시 품질을 우선 고려하는 품목으로는 채소, 육류, 과일, 수산물, 외식 등이다. 중시하는 비율은 품목별로 차이가 있다. 과일이 60.8%로 가장 높았고, 외식 56.2%, 채소 44.5%, 육류 39.0%, 수산물 32.3%로

표 5-2 농식품 구매 시 가장 고려하는 요인 (단위 %)

항목 비율	가격	안전성	품질	브랜드	원산지	기타
채소	7.3	27.1	44.5	2.3	18.3	0.5
육류	7.6	19.3	39.0	3.9	29.9	0.3
곡물	7.8	20.5	28.9	5.9	36.3	0.5
과일	4.6	14.1	60.8	3.8	16.1	0.6
수산물	5.9	27.6	32.3	3.8	30.0	0.5
외식	16.3	12.4	56.2	10.3	3.9	1.0
가공식품 · 유제품	6.6	27.1	24.9	32.9	7.8	0.7

※ 출처 : 한국농촌경제연구원(2017), 『농업 · 농촌에 대한 2017년 국민의식 조사 결과』, p.34

나타났다. 곡물의 경우에는 '원산지(36.3%)', 가공제품 및 유제품은 '브랜드(32.9%)'를 가장 중요하게 고려하는 것으로 나타났다.

연도별로는 채소의 경우 2008년에 비해 품질(맛)을 고려하는 비율이 8.4%포인트 증가했고, 육류는 2008년과 비교해 원산지와 안전성은 감소한 반면 품질(맛)은 18.9%포인트 증가했다.[11]

품목별로는 중시 요소에 차이를 보였다. 과일류 구입 시에는 신선도와 당도를 중시했다. 한국농촌경제연구원의 2017 식품소비행태 조사 결과, 과일류 구입 시 우선 확인하는 정보는 신선도가 35.7%로 가장 많았고, 당도 15.4%, 가격 14.0% 등의 순이었다. 2016년에 비해서는 신선도와 당도의 비중이 증가했다.[12]

11 한국농촌경제연구원(2018), 『농업 · 농촌에 대한 2017년 국민의식 조사 결과』, p.33~34
12 이계임 외(2017), 『2017 식품소비행태조사 기초분석 보고서』, 한국농촌경제연구원, p.122

축산물을 구입할 때도 마찬가지다. 한국농촌경제연구원의 2017 식품소비행태 조사 결과, 축산물을 구입할 때 우선 확인하는 정보는 신선도가 32.1%로 가장 많았고, 원산지 15.3%, 가격 14.6% 순이었다. 신선도를 우선 확인하는 비중은 2016년보다 늘었다.[13)]

장재봉 · 김민경(2016)이 분석한 결과에서도 안전성, 원산지, 신선도, 가격을 보다 중요하게 고려해 쇠고기를 구입하는 것으로 나타났다. 또 쇠고기를 공급하는 소의 사육환경과 원산지를 보다 중요한 고려 요인으로 생각하는 소비자들은 국내산 쇠고기에 대한 선호도가 높았다. 쇠고기의 이력정보를 확인하는 건수도 꾸준하게 늘고 있다.[14)]

방울토마토의 경우도 대추형 방울토마토의 선호도가 증가하고 있는데, 대추형 방울토마토를 주로 구입하거나 선호하는 이유로 '맛이 좋아서'란 응답이 많았다.

13 이계임 외(2017), 『2017 식품소비행태조사 기초분석 보고서』, 한국농촌경제연구원, p.141
14 정재봉 · 김민경(2016), 『BWS 방법을 이용한 쇠고기 구매 결정 요인과 소비자 선호 관계 분석』, 농촌경제 제39권 제2호

돈이 보이는
농식품 소비 트렌드

제6장

핫한 농식품 무엇이 있나

1. 가정간편식(HMR)
2. 도시락
3. 미니 · 조각 농산물
4. 신선편이 농산물
5. 컬러 농산물
6. 기능성 농식품
7. 배달 음식
8. 과일 3총사(딸기 · 수박 · 복숭아)가 뜬다
9. 고버감(고구마 · 버섯 · 감자)이 좋아
10. 건조간식

제6장

핫한 농식품 무엇이 있나

1. 가정간편식(HMR)

가정간편식(Home Meal Replacement) 시장이 급성장하고 있다. 단순한 조리과정만 거치면 간편하게 먹을 수 있도록 식재료를 가공 · 조리 · 포장해 놓은 식품인 가정간편식은 농식품 소비 트렌드의 변화 영향으로 시장이 커지고 있다.

식품공전에 따른 품목 분류로 보면 즉석섭취식품, 즉석조리식품 및 신선편이식품류가 가정간편식에 해당된다. 즉석섭취식품으로는 도시락 · 김밥 · 샌드위치 등이 해당되고, 즉석조리식품은 가공밥 · 국 · 탕 · 수프 · 순대 등이 있다.

농림축산식품부에 따르면 2016년 출하액 기준 가정간편식의 국내 시장규모는 2조 2542억원으로 2015년에 비해 34.8%나 늘었다.

국 · 탕 · 찌개류 등 즉석조리식품의 시장규모가 40.4%나 증가했고, 도시락 등 즉석섭취식품(33.4%)과 신선편이식품(15.1%)이 뒤를 이었다.

전체 가정간편식 시장에서 비중이 높은 품목은 도시락 등 즉석섭취식품이다. 특히 도시락은 잠시 주춤했다가 2015년부터 다시 시장규모가 커지면서 2016년에는 51%나 증가했다.

가정간편식의 시장규모 증가는 소비 트렌드 변화에서 답을 찾을 수 있다.

첫째는 인구구조 변화가 가정간편식 소비를 늘렸다. 대표적으로 1인 가구가 증가하고 있다. 젊은 층의 결혼 시기가 늦춰지고, 진학이나 취업 등으로 홀로 자취하는 세대가 늘었다.

둘째는 재료의 손질부터 양념까지 미리 준비돼 있어 데우거나 끓이는 등 단순 조리과정만 거치면 먹을 수 있는 편리함 때문이다. 다시 말해 짧은 시간에 간편하게 조리할 수 있는 제품을 선호하는 추세가 영향을 주었다.

세 번째로는 여성의 사회진출이 늘면서 요리에 투자하는 시간이 줄어든 것도 영향을 끼쳤다. 한국농촌경제연구원의 2017 식품소비행태 조사 결과, 간편식을 구입하는 가장 큰 이유로 조리가 번거롭고 귀찮아서(56.5%)와 조리할 시간이 없어서(36.3%)로 나타난 데서도 알 수 있다.

네 번째로는 가정간편식 업계의 첨단 포장기술을 적용한 다양한

표 6-1 간편식 출하규모 (단위 백만원)

구분	2012년	2013년	2014년	2015년	2016년
즉석섭취식품	810,347	942,160	917,438	992,165	1,323,939
즉석조리식품	467,164	559,196	537,838	584,281	820,255
신선편이식품	65,256	78,340	83,439	95,566	109,959
합계	1,342,767	1,579,696	1,538,715	1,672,012	2,254,153

※ 출처 : 농식품부(2017), 가정간편식 보도자료

신상품 개발과 적극적인 마케팅이 영향을 주었다.

가정간편식은 종류별로 유통 비중에 다소 차이가 난다. 즉석조리식품류 제품과 신선편이식품은 기업과 소비자간 거래시장으로 유통되는 비중이 80% 안팎에 달한다. 반면 즉석섭취식품 중 삼각김밥과 샌드위치 등은 대부분 편의점으로 유통된다.

가정간편식 소비는 가구 형태별로도 다르게 나타난다.

농촌진흥청의 조사 결과, 가정간편식은 30~40대 가구에서 구매가 많고, 소득수준이 높은 가구일수록 집밥을 대신해 가정간편식을 많이 구매하고 있는 것으로 나타났다. 또 1인 가구에서는 구매와 동시에 섭취할 수 있는 즉석섭취식품 등의 구매가 많은 반면, 2인 이상 가구에서는 구매 후 단시간 내에 조리해 먹을 수 있는 즉석조리식품의 구매액이 높았다. 계절적으로는 여름과 겨울에 상대적으로 구매가 많았다. 가정간편식 품목별로는 즉석밥류·즉석탕·찌개 등 즉석조리식품의 구매가 가장 많았다. 한국농촌경제연구원의 2017년

농협 하나로마트에서 판매 중인 다양한 가정간편식

식품소비형태 조사 결과, 즉석밥을 가끔 또는 자주 구입한다고 응답한 비중은 36.8% 수준으로 2015년 13.6%에 비해 크게 늘었다.

가정간편식의 유통채널도 바뀌고 있다. 편의점이 대표적인 유통채널로 부상하고 있는 것이다. 즉석조리식품의 유통채널별 판매순위는 편의점이 2015년 4위에서 2016년 2위로 상승했다.

가정간편식은 농식품 소비자가 추구하는 간편성 · 편리성 · 고품질 등을 골고루 갖추고 있어 가구원수나 연령층에 관계없이 소비 증가가 예상된다. 특히 집밥과 같은 맛과 품질을 갖춘 즉석밥류나 탕류 등은 구매가 크게 늘어날 것으로 보인다. 최근에는 명절 상차림을 대체할 수 있는 간편하고 맛있는 간편식 제품들도 출시됐다.

이러한 흐름을 고려할 때 급성장 중인 가정간편식을 국산 농축산물 소비 증대로 이어지도록 하는 것이 무엇보다 중요해졌다. 쌀을 제외하면 가정간편식의 국산 원재료 사용비율은 아직 기대치보다 현저히 낮기 때문이다.

국산 농축산물 원료 사용을 늘리기 위해서는 가공용으로 적합한 원료 농산물 생산과 지역 농축산물을 활용한 가정간편식 개발을 확대해나가야 한다. 특히 생산자조직과 제조업체 간의 연결시스템을 구축해 산지조달을 통한 원재료 확보를 늘릴 필요가 있다. 이런 측면에서 농협하나로유통이 우리 농산물을 원료로 만든 프리미엄 가정간편식 브랜드 '오케이쿡(OK ! COOK)'을 출범하며 신제품을 대거 출시한 것은 의미가 작지 않다.

국산 농축산물과 지역 특산품 등을 활용한 가정간편식 연구 · 개발을 확대하고, 소비 트렌드를 빅데이터로 구축해 소비지향적 농업 경영정보를 생산 현장에 제공하는 일도 중요하다.

2. 도시락

도시락 시장이 급성장하고 있다. 도시락은 '밥을 담는 작은 그릇에 반찬을 곁들여 담는 밥'으로 정의할 수 있는데, 소비 행태에 따라 집밥과 외식의 양면성을 띠고 있다. 첫 상업적 도시락은 1900년대 초 기차에서 판매되기 시작한 것으로 볼 수 있다.

우리나라 도시락 시장 규모는 1990년대 이후 급성장하기 시작했다. 식품의약품안전처에 따르면 도시락 생산액은 2011년 6727억 3100만원, 2012년 7853억 2000만원, 2013년 8821억 7400만원, 2015년 7560억 5700만원 등으로 집계됐다.

도시락 판매 유통채널은 다양하다. 2015년을 기준으로 편의점이 40%로 가장 많고, 이어 도시락전문점(30%), 외식업체(20%), 온라인(10%) 순이었다.[1)]

'편도(편의점 도시락)'라는 말이 등장할 만큼 도시락은 편의점에서 판매되는 수량이 가장 많다. 편의점은 접근성이 높고, 도시락 외에도 생필품 등의 구입이 편리하다는 장점 등으로 점유율이 높다. 농림축산식품부가 AC닐슨을 인용해 발표한 내용에 따르면 편의점에서 판매하는 도시락은 2013년 779억 8400만원에서 2015년은 1329억 1900만원으로 크게 늘었다.

도시락은 1인 가구, 취업 여성 증가 등의 영향으로 식사의 간단한 해결 외에 저녁 메뉴로도 선호하는 추세다. 잡곡밥 등 건강을 생각한 도시락, 가성비가 좋은 특성화된 도시락 등이 출시되면서 소비자들의 선택의 폭이 넓어진 것도 도시락 소비를 늘리고 있는 요소다.

도시락을 애용하는 이유에서도 소비 증가 원인을 알 수 있다. 경제적 부담 해소, 시간 절약, 다이어트와 건강, 메뉴 선정 스트레스 해소,

1 한귀정 외(2017), 『2017 농식품 소비 트렌드 분석 II』, 농촌진흥청, p.36~38

혼밥족 등이 도시락 애용 이유로 꼽혔기 때문이다. 농림축산식품부의 2016년 도시락 이용에 대한 소비자 조사 결과, 주로 집과 사무실에서 혼자 먹을 때 식사 대용으로 섭취하는 것으로 나타났다. 그 외에 출장, 소풍, 회의, 단체식사 제공 등 간편한 식사를 원할 때 주로 도시락을 이용한다. 도시락을 먹는 장소는 집이 32.3%로 가장 많았고, 사무실 · 학교가 27.5%, 편의점 22.0% 등의 순이었다. 또 혼자 먹는 경우가 64.0%로 가장 많았다. 도시락을 섭취하는 빈도는 일주일에 1~2회가 33.3%로 가장 많았고, 섭취 시간은 점심시간이 63.2%로 가장 많았다.

도시락은 소비가 늘면서 종류도 다양해지고 있다. 가성비 중심의 저렴한 3000원대부터 5000원대의 도시락으로 업그레이드되고 있다.

급성장하고 있는 편의점 도시락 시장 (사진 농민신문)

품질인증 국산 쌀을 사용하거나 비싼 재료를 통째로 넣은 프리미엄 도시락, 8각형 찬합형 등까지 다양하게 출시됐다.

3. 미니·조각 농산물

미니 농산물은 미니사과, 미니파프리카, 미니당근, 방울양배추 등 기존보다 크기가 작아진 신선농산물을 말한다. 미니 농산물은 크기는 작지만 영양성분이 우수하고 보관이 편리하다는 장점이 있다.

조각 농산물은 기존 과일이나 채소를 절반이나 4분의 1 크기로 절단해 판매하는 농산물을 말한다.

이러한 미니 · 조각 농산물은 최근 소비가 늘고 있다. 1~2인 가구와 맞벌이 가구가 증가하고 웰빙 등 건강을 중시하는 경향이 소비를 견인하고 있다.

농촌진흥청의 조사 결과, 방울양배추의 가구당 연간 구매액이 2014년에는 5원에 불과했으나 2016년에는 144원으로 늘었다. 방울양배추는 동전만 한 크기로 겉껍질과 속심까지 다 먹을 수 있고 보관이 쉽다는 특징을 갖고 있다. 주부의 나이가 많을수록, 가구 소득이 적을수록, 그리고 2인 가구에서 많이 구매하는 것으로 나타났다.

미니 · 조각 과채류의 소비도 늘고 있다. 농촌진흥청의 조사 결과, 미니 · 조각 호박의 가구당 연간 구매액이 2010년 158원에서 2016년은

503원으로 증가했다. 미니참외의 가구당 연간 구매액도 같은 기간 86원에서 203원으로 늘었다. 늙은 호박보다 크기가 작은 애호박은 가격도 저렴하고 맛도 좋아 선호도가 높다. 단호박도 마찬가지다.

미니 · 조각 과일 구매도 늘고 있다. 농촌진흥청의 조사 결과, 미니사과의 가구당 연간 구매액은 2012년 71원에서 2016년은 235원으로 늘었고, 조각 파인애플의 가구당 연간 구매액은 같은 기간 672원에서 678원으로 소폭이지만 증가 추세를 이어갔다.

미니사과도 50대 연령층과 월 가구소득이 600만~800만원대인 가구에서 구매가 많다. 미니사과는 껍질째 한입에 먹을 수 있고 당도가 일반 사과보다 1브릭스(Brix) 가량 높다.

일반 수박과 당도는 비슷하지만 껍질이 얇고 무게가 1kg 안팎인

껍질째 한입에 먹을 수 있는 미니사과 (사진 농민신문)

애플수박도 마찬가지다. 애플수박은 50대 연령층 가구와 월 소득수준이 360만~480만원인 가구에서 구매액이 많았다.[2)]

미니 · 조각 농산물은 앞으로도 소비가 늘어날 전망이다. 주로 고령층이나 소규모 가구에서 구매액이 상대적으로 높은데, 앞으로 1~2인 가구나 고령층 가구의 비중이 늘어날 것으로 예상돼서다. 농민신문과 한국갤럽이 2017년 7월 국민 1005명을 대상으로 한 농식품 선호도 조사 결과, 샐러드용 채소와 컵과일 등 채소나 과일을 세척 · 절단해 포장한 상품에 대해 앞으로 구입할 의향이 있다는 응답이 64.1%로 높게 나타난 데서도 알 수 있다.

농협 하나로마트에서 판매 중인 조각무와 깐양파, 깐감자

2 김성용 · 이병서(2017), 『10대 이슈로 본 농식품 구매 트렌드』, 농촌진흥청

특히 미니 과일의 경우는 변색 우려가 없어 학교급식용과 기내식으로 수요 증가가 예상된다.

4. 신선편이 농산물

신선편이 농산물은 신선한 상태로 다듬거나 절단돼 세척과정을 거친 과일 · 채소 · 나물 · 버섯류로 위생적으로 포장돼 편리하게 사용할 수 있는 농산물을 말한다.

편의성을 추구하는 소비 트렌드에 따라 세척 과일, 절임배추 등 신선편이 농산물에 대한 수요는 증가하고 있다. 이는 신선편이식품 성장세에서도 확인된다. 농림축산식품부에 따르면 샐러드와 간편 과일 등 신선편이식품의 출하 규모는 2012년 652억 5600만원에서 2015년 955억 6600만원, 2016년 1099억 5900만원으로 성장했다.[3]

신선편이식품은 시장형성 초기에는 단순 세척 샐러드류 제품 중심이었으나 최근에는 치즈 · 견과류 · 닭가슴살 등 구성 재료가 다양해지고 있다. 신선편이식품은 가공 · 포장 · 유통 시 물리적 상해를 받기 쉽고 저장 및 유통단계에서 품질이 저하되기 쉽기 때문에 대부분

3 농림축산식품부, 2017년 11월 20일, 『2016년도 가정간편식 시장 규모 34.8% 급성장』 보도자료

제조업체에서 소매채널로 유통되는 특징을 갖고 있다.

신선편이식품은 편리함을 추구하는 소비 트렌드를 반영하고 있다. 농림축산식품부의 2016년 소비자 조사 결과, 신선편이식품을 구매하는 주 이유를 묻는 질문에 '재료를 다듬고 세척하는 과정의 번거로움 때문'이라는 응답이 36.5%로 가장 많았고, '소용량으로 구입해 재료의 낭비를 막기 위해서'라는 응답도 25.5%에 달했다.

세척 과일과 근채류의 소비도 늘고 있다. 농촌진흥청의 조사 결과, 세척 쌈채소의 가구당 연간 구매액이 2010년 55원에서 2016년은 138원으로, 세척 당근의 가구당 연간 구매액도 같은 기간 527원에서 752원으로 늘었다. 세척 사과의 가구당 연간 구매액도 같은 기간 214원에서 711원으로 증가했다.

세척 쌈채소는 30대 이하의 가구와 1인 가구에서 구매액이 많다. 세척 당근은 50대 연령층과 1인 가구에서 구매액이 많고, 세척 사과는 50대 가구와 2인 이상 가구에서 구매액이 많다.

깐마늘 · 깐파 · 깐도라지의 구매도 늘고 있다. 농촌진흥청의 조사 결과, 깐마늘의 가구당 연간 구매액이 2010년 7117원에서 2016년은 1만 1430원으로, 깐파의 가구당 연간 구매액도 같은 기간 1598원에서 1833원으로, 깐도라지의 가구당 연간 구매액도 같은 기간 271원에서 430원으로 각각 늘었다.[4] 깐마늘의 경우 구매 횟수가 일반 마늘보다

4 김성용 · 이병서(2017), 『10대 이슈로 본 농식품 구매 트렌드』, 농촌진흥청

많아 소비자가 김장철을 제외하면 필요 시 수시로 적은 양을 구매하고 있는 것으로 나타났다.

수입 포도의 경우도 씨가 없거나 껍질째 먹는 포도에 대한 선호도가 높은 데서 편의성을 추구하는 소비 트렌드를 확인할 수 있다.

이처럼 신선편이 농산물의 소비가 늘고 있는 것은 소득수준의 향상과 더불어 여성의 경제 · 사회적 활동 증가에 따라 이용하기 편리한 신선농산물을 선호하고 있기 때문으로 분석된다.

신선편이 농산물은 앞으로도 소비가 늘어날 전망이다. 가구 규모가 축소되고 고령 인구가 증가하면서 식재료 다듬기와 조리의 편의성을 중시하기 때문이다.

또 세척 농산물은 소득수준이 높은 가구에서 구매액이 많기 때문에 고소득층에 맞는 맞춤형 상품 개발과 품질관리 전략이 필요해 보인다.

신선편이 과일의 소비를 늘리기 위해서는 신선편이 유망과일 품종 개발, 학교급식용 과일 공급체계 구축, 편의점용 신선편이 과일 상품 개발 확대, 신선편이 원료 과일의 신선도 관리기술 개선 등이 요구된다.

5. 컬러 농산물

컬러 농산물이 뜨고 있다. 컬러 농산물은 빨강 · 주황 · 노랑 ·

초록 · 보라 · 검정 · 흰색 등 고유의 선명한 색깔을 내세우는 농산물을 의미한다.

일반적으로 농산물의 색깔과 기능은 농산물이 가진 영양 성분의 화학반응에 의해 결정된다. 농촌진흥청이 일본 영양학자 나카무라 테이지의 '7색 채소 건강법'을 정리한 자료에 따르면 컬러 농산물에는 색깔별로 다음과 같은 특징이 있다.

빨간색 농산물은 노화방지와 면역력을 강화하는 리코펜 성분이 들어 있는데, 대표적으로 토마토 · 체리 · 붉은고추가 있다.

주황색 농산물은 피부회복과 눈건강에 좋은 베타카로틴 성분이 함유돼 있는데, 대표적으로 당근 · 감귤 · 단호박이 있다.

노란색 농산물은 항암효과가 있는 베타카로틴과 루테인 성분이 함유돼 있는데, 대표적으로 늙은호박 · 고구마가 있다.

초록색 농산물은 장건강 증진과 해독 효과가 있는 클로로필 성분이 함유돼 있는데, 대표적으로 브로콜리 · 양상추 · 오이가 있다.

보라색 농산물은 비만치료 효과가 있는 안토시아닌과 폴리페놀 성분이 함유돼 있는데, 대표적으로 블루베리 · 가지 등이 있다.

검은색 농산물은 항산화 효과가 있는 안토시아닌과 리놀산이 함유돼 있는데, 대표적으로 검은콩 · 우엉 · 메밀이 있다.

흰색 농산물은 폐기능과 저항력 향상 효과가 있는 안토크산틴이 함유돼 있는데, 대표적으로 더덕 · 인삼 · 양파가 있다.

농산물 구매횟수도 색깔에 따라 변화하고 있다. 농촌진흥청의 조사 결과, 2010년에 비해 2016년 구매횟수 비중은 초록 · 흰색 · 주황은 감소하고 빨강 · 노랑 · 보라 · 검정은 증가했다. 전체적으로 보면 일곱 가지 색깔별 농산물 구매횟수 비중은 초록이 가장 많고, 이어 흰색, 빨강, 주황, 노랑, 보라, 검정 순으로 조사됐다.

주목할 만한 점은 하나의 색깔이 아닌 여러 색깔이 섞인 다색(多色) 농산물이나 기존과는 다른 이색(異色) 농산물의 구매횟수가 늘어나고 있다는 것이다. 차별화된 이색 또는 다색 농산물의 등장이 소비자의 구매 호기심을 자극하고 있기 때문이다.[5]

소비자들은 농산물 본래 색깔 외에 새로운 색깔의 농산물에 대해서도 관심을 가진다. 검은색 껍질에 노란색 과육의 수박인 흑피수박 · 망고수박과 과육이 보라색을 띠는 보라고추는 2014년 이후 구매가 늘고 있다. 한국농촌경제연구원의 2017년 소비자패널 조사 결과, 수박 신품종 구매 경험으로 복수박 구매 경험(54%)이 가장 많았고, 이어 노란수박(25%), 흑수박(23%), 애플수박(16%), 망고수박(11%), 껍질째 먹는 수박(3%) 순으로 나타났다.

연령별로 선호하는 농산물 색깔도 다르다. 농촌진흥청에 따르면 40대 이하 젊은 층에서는 주황과 노랑을 선호하고, 50대 이상의 연령층에서는 보라와 검정을 선호한다. 따라서 소비자 연령층에 따라

5 김성용 · 이병서(2017), 『10대 이슈로 본 농식품 구매 트렌드』, 농촌진흥청, p.39~41

컬러고구마와 컬러감자

좋아하는 색깔을 고려하는 컬러 농산물 마케팅 전략도 필요하다.

소득에 따라 컬러 농산물 구매도 차이가 있다. 농촌진흥청에 따르면 소득수준이 높은 가구일수록 이색 · 다색 농산물의 구매가 많다. 흑피수박 등 이색 농산물이 가격은 조금 비싸지만 소비자로부터 프리미엄 상품으로 인식되고 있다는 증거다. 소득수준이 높은 가구에서 새로운 색깔의 농산물에 대해 높은 가격을 지불하려는 의향이 나타난 것이다.[6]

6 김성용 · 이병서(2017), 『10대 이슈로 본 농식품 구매 트렌드』, 농촌진흥청, p.41~42

6. 기능성 농식품

기능성 농식품에 대한 수요가 건강에 대한 소비자들의 관심으로 증가하고 있다. 건강에 대한 관심이 높을수록 기능성 식품을 직접 구매해 섭취하는 비율이 커지고 있는 것이다. 인구 고령화도 기능성 농식품 수요를 늘리고 있다.

기능성 식품은 유용한 생화학적인 효과를 가진 특별한 구성물들에 의해 강화된 식품으로 정의된다. 1994년 일본에서 처음 만들어진 이후 세계적으로 확산됐다.

한국농촌경제연구원의 2017년 농식품 소비행태 조사 결과, 기능성 식품을 취식하는 가구는 69.9%에 달했다. 기능성 식품을 섭취하는 가구의 41.9%는 직접 구입해서 섭취하는 것으로 나타났다. 가구 규모로 보면 1인 가구가 기능성 식품을 섭취하지 않는 비율이 다른 가구보다 많은 것으로 나타났고, 3~4인 가구에서는 구매해서 먹는 비율이 더 높게 나타났다. 기능성 식품을 구입처는 대형할인점이 29.4%로 가장 많았고, 약국 18.2%, 기능성 식품 전문판매점 15.2%, 통신판매 9.1%, 대기업에서 운영하는 중소형 슈퍼마켓 8.2%, 재래시장 7.4%, 백화점 6.9%, 동네 중소형 슈퍼마켓 5.4% 등의 순으로 나타났다.

섭취하는 기능성 식품의 종류로는 비타민 · 오메가3 등 특정성분 식이보충제가 41.1%로 가장 많았고, 홍삼 · 인삼제품이 32.5%,

건강즙 · 엑기스가 17.3% 등의 순이었다. 가구의 월소득이 600만원 이상인 가구에서 홍삼 · 인삼제품의 섭취가 가장 높게 나타났다. 기능성 식품을 섭취하는 이유로는 '질병 예방을 위하여'가 30.5%, '피로 회복을 위해'가 26.5%, '건강(체력) 증진을 위해'가 23.2% 순이었다.[7]

콜라비도 소비가 늘고 있다. 건강기능성 식품이면서 과일처럼 먹기 쉽기 때문이다. 콜라비는 양배추와 순무를 교배해 개량한 품종이다. 농촌진흥청의 조사 결과, 콜라비 가구당 연간 구매액은 2010년에 457원이었으나 2015년은 1722원으로 크게 늘었다.

따라서 가구 유형, 건강에 대한 관심, 라이프 스타일, 제품에 대한 관심 등 기능성 식품 섭취에 영향을 미치는 요인에 따른 시장을 세분화해 관련 제품의 구매를 촉진할 수 있는 전략을 모색할 필요가 있다.

7. 배달 음식

스마트 기기의 대중화는 소비자들의 음식 구매 패턴에도 많은 영향을 주고 있다.

7 박재홍(2017), 『기능성 식품 구매 영향 요인 분석』, 한국농촌경제연구원, p.189~196

테이블 서비스를 위주로 하는 음식점 내에서 음식을 소비하는 비중이 점차 감소하고, 배달이나 포장 등 음식점 외부에서 음식을 소비하는 비중이 증가하고 있는 추세다.

한국외식산업연구원의 2016년 조사에 따르면, 음식점의 27%는 배달판매 서비스를 제공하고 있고, 79%는 포장판매 서비스를 제공하고 있는 것으로 나타났다.

배달 음식은 어떤 것이 있을까. 한국농촌경제연구원의 2017년 농식품 소비행태 조사 결과, '배달과 테이크아웃 음식' 소비자의 선호 메뉴 응답 결과는 1순위로 '치킨 · 강정 · 찜닭'이 가장 많고, 이어 중화요리, 보쌈과 족발, 한식, 피자, 김밥 및 분식류, 탕류, 회 및 초밥류, 햄버거와 샌드위치 · 빵류 등의 순이다.[8)]

가정으로 배달해주는 가정배달 음식도 진화하고 있다. 사전에 주문한 음식을 이른 아침 가정에 정기적으로 배달해주는 서비스가 등장해 맞벌이 부부 등을 중심으로 인기를 얻고 있다. 가정배달 음식은 따라 하기 쉬운 레시피와 건강하고 신선한 재료로 소비자가 식사를 만드는 과정에 참여할 수도 있다. 신선한 채소가 포함된 그릇 형태의 편리한 포장으로 간편하면서도 건강한 음식을 필요로 하는 소비자들의 요구를 충족하면서 진화하고 있는 것이다.

8 최규환 · 방도형(2017), 『배달음식의 시장세분화 특성과 구매 연관성에 관한 연구』, 한국농촌경제연구원

8. 과일 3총사(딸기·수박·복숭아)가 뜬다

우리나라 소비자들은 가장 좋아하는 과일로 딸기, 수박, 복숭아 등을 꼽고 있다.

농민신문과 한국갤럽이 2017년 7월 국민 1005명을 대상으로 실시한 농식품 선호도 조사 결과, 딸기·수박·복숭아·사과·귤이 한국인이 좋아하는 과일 '톱(TOP) 5'이다. 특히 맛·모양·편의성 모두 갖춘 딸기가 좋아하는 과일 1위를 차지했다.

이는 흔히 과일을 꼽을 때 가장 먼저 떠올리는 사과를 1위로 예측하는 것과는 다른 결과다. 30년 전인 1987년 충북도농업기술원이 전국의 1300명을 대상으로 한 조사에서는 가장 좋아하는 과일로 사과가 압도적인 1위였으나, 30년이 지나면서 한국인의 입맛도 바뀐 것이다.

좋아하는 과일 1순위로 딸기를 선택한 응답자 비율은 15.3%(154명). 2·3순위로 딸기를 꼽은 응답자까지 합하면 37.3%(375명)나 됐다. 딸기를 선택한 이유는 '맛이 좋아서(82.5%)' '먹기 편해서(11.0%)'가 주를 이뤘다. 새콤달콤하고 하나씩 먹기도 편한 딸기의 장점에 소비자들이 높은 점수를 준 것이다.

딸기는 맛뿐 아니라 색과 모양도 좋아 빵·케이크·주스 등 다양한 디저트에 활용되면서 실제 소비량 또한 늘고 있는 추세다. 농촌진흥청에 따르면 가구당 국산 과일 구매액은 2010년부터 2015년까지

농민신문 선호도 조사 결과 한국인이 좋아하는 과일 1위로 꼽힌 딸기 (사진 농민신문)

전반적으로 감소했으나 딸기와 복숭아만 증가세를 보였다. 딸기가 수입 과일의 증가세에도 소비가 늘어난 것은 아이들이 좋아하는 것이 영향을 주었다.

재배기술의 발달로 생산기간이 늘어난 것도 선호도를 높인 이유로 볼 수 있다. 과거엔 봄에만 딸기가 나왔으나 요즘은 11월부터 6월까지 생산되는 데다 냉동딸기 형태로 유통되면서 사시사철 맛볼 수 있게 된 것이다.[9]

9 농민신문 2017년 8월 11일자 보도 내용

딸기 재배면적 가운데 노지는 감소한 대신 시설 재배면적이 늘었다. 2015년에는 딸기 전체 재배면적 6403ha 가운데 시설딸기 면적이 6306ha로 대부분을 차지했다.

재배 주력 품종 또한 변화했다. 주력 품종 변화는 '정보 → 여봉 → 장희 → 육보 → 설향' 등의 순이다. 소비자들이 과거에는 육질이 단단한 품종을 선호했지만 현재는 육질이 부드럽고 향이 좋은 품종을 선호하는 추세가 반영된 것이다.

농촌진흥청이 서울 가락동 농수산물도매시장의 한 도매법인으로 출하된 딸기를 분석한 결과, 2016년 기준 딸기품종은 〈설향〉이 85.4%로 가장 많았고, 이어 〈장희〉(8.2%), 〈죽향〉(5.1%) 순이었다.

포장 방식도 변화했다. 1960년대는 나무상자가 주를 이루었으나 1970년대는 알루미늄그릇, 1980년대는 스티로폼상자, 1990년대는 골판지상자, 2000년대 이후부터는 투명플라스틱을 속포장으로 하고 컬러 골판지상자를 겉포장으로 하는 출하가 일반화됐다.

월별 딸기 구매비율은 12월은 늘어나고 4월과 5월은 감소하는 추세다. 농촌진흥청이 딸기 구매가구 비율의 월별 변화를 조사한 결과, 12월 딸기 구입 비율이 2010년은 27.9%였으나 2016년은 42.4%로 크게 늘었다. 5월 구매비율은 2010년 29.8%에서 2016년은 17.0%로 낮아졌다. 딸기 구입처도 슈퍼마켓이라 응답한 비율이 늘었다.

소비자들이 딸기를 구매할 때 고려하는 요인은 무엇일까. 농촌진흥청의 조사 결과, 맛이 가장 우선시됐고 이어 신선함, 가격,

딸기 표면의 상태, 색상, 크기, 단단함, 모양 등의 순이었다.

소비자들은 딸기를 선택할 때 단맛을 가장 선호했고, 이어 단맛과 신맛이 어우러진 맛을 선호했다. 선호하는 딸기 식감은 즙이 많으면서 아삭한 식감이 즙이 많으면서 부드러운 식감보다 다소 높게 나타났다. 농수산물도매시장에서 딸기를 평가하는 기준은 '당도>색깔>선별 · 포장상태>경도' 순이다.[10]

농민신문과 한국갤럽의 농식품 선호도 조사 결과 2위를 차지한 수박은 1순위 응답률이 15.2%로 딸기와 근소한 차이를 보였고, 3위인 복숭아는 11.9%를 차지했다. 딸기 · 복숭아 · 수박은 당도가 높고 식감이 부드러운 데다 과거보다 품질이 좋아진 것도 선호도가 높아진 이유로 꼽힌다.

농민신문 조사 결과 한국 남성이 가장 좋아하는 과일로 수박이 꼽혔다. (사진 전원생활)

과일 선호도는 성별과 나이에 따라 다소 차이가 있었다. 이 조사 결과 여성은 딸기 · 복숭아 · 수박 순으로 전체 선호도와 일치했지만,

10 위태석(2017), 『2017 농식품 소비 트렌드 분석 II』, 농촌진흥청, p.78~93

남성은 수박 · 딸기 · 사과 순으로 달랐다. 연령대별로는 20~40대는 딸기를, 50대는 수박을 1순위로 뽑았다.

수박은 여름에 땀으로 배출된 수분과 비타민, 미네랄을 보충해주는 천연 이온음료다. 달콤한 과육의 붉은색에는 항산화물질인 라이코펜이 풍부해 항스트레스 음식 중 하나로 인정받고 있다. 소비자 입맛에 맞는 맛, 모양, 색의 수박을 개발하되 다양성을 확대하는 방향으로의 연구와 정책 투자가 중요하다.

복숭아는 2015년 생산액이 2890억원으로 전체 농업생산액의 6.5%를 점유할 정도로 주요 과수작목이다. 2016년 복숭아 재배면적은 1만 9877ha로 2008년에 비해 57.0%나 증가했다. 복숭아 1인당 소비량은 최근 증가추세를 보여 2015년 4.7kg이다. 재배되는 복숭아 품종은 시대별로 변화하고 있다. 농촌진흥청에 따르면 2016년 기준으로 복숭아 품종별 시장점유율은 〈황도〉 13.0%, 〈천중도백도〉 6.8%, 〈선프레〉 6.5%, 〈장호원황도〉 5.6%, 〈천도〉 5.4%, 〈천홍〉 5.3%, 〈백도〉 5.2% 등의 순이다.

그래서 복숭아 재배품종을 두고 '춘추전국시대'란 말이 나온다. 국내 시장에서 거래되는 품종이 100여종에 달하고 있어서다. 소비자 선택의 폭이 넓어지면서 시장이 성장하고 있는 것이다. 이에 따라 복숭아 전체 구입액은 해마다 증가하고 있다. 고소득층일수록 농가에서 직접 구입하는 경우가 많다.

소비자들이 좋아하는 복숭아 품종으로는 〈황도〉가 1순위이고, 이어

〈백도〉〈천도〉 등의 순으로 나타났다. 복숭아는 직거래가 증가하는 추세다. 복숭아 농가 직거래 시기는 농장 방문형은 8월과 9월에 많고, 온라인형은 7월과 8월이 많다. 이를 감안해 방문 · 인터넷 · 전화 등 직거래 유형별로 고객 응대, 품질 관리, 물류체계, 결제 방법 등 매뉴얼을 개발해 보급할 필요가 있다.[11]

농민신문 선호도 조사 결과 한국인이 선호하는 과일 '톱3'에 꼽힌 복숭아 (사진 농민신문)

9. 고버감(고구마·버섯·감자)이 좋아

한국인은 음식의 주재료로 사용하는 채소류 · 서류 · 버섯류 가운데 고구마를 가장 좋아하고, 양념채소류 중에서는 마늘과 양파의 선호도가 높은 것으로 나타났다.

농민신문이 한국갤럽과 함께 전국의 성인 남녀 1005명을 대상으로

11 강진구 (2017), 『2017 농식품 소비 트렌드 분석 II』, 농촌진흥청, p.164~185

실시한 '한국인이 사랑하는 농식품' 설문조사 결과, 채소류 등 가운데 고구마가 선호도 점수가 5점 만점에 4.01점으로 1위에 올랐으며, 전체 응답자의 77%가 '좋아한다'고 답했다. 2위는 버섯(3.98점), 3위는 감자(3.92점)가 차지했고, 배추(3.83점), 무(3.75점), 오이(3.72점), 호박(단호박 포함, 3.61점), 파프리카(3.45점), 당근(3.34점)이 그 뒤를 이었다.

고구마가 1위에 오른 것은 단맛을 선호하는 최근 트렌드와 무관치 않아 보인다. 고구마는 다른 채소류보다 상대적으로 단맛이 풍부해 케이크 · 과자 · 피자 등 디저트 · 외식 시장에서 인기 재료로 활용되고 있다.

2016년 고구마 재배면적은 2만 3151ha로 2015년에 비해 19.6%나 증가했다. 고구마는 2000년 이후 건강식품으로 변화하면서 수요가 증가하고 있다. 소비자들은 고구마 구매 시 〈표6-2〉처럼 품종을 가장 중시했다.

고구마는 〈호박고구마〉 〈밤고구마〉 등의 명칭으로 유통되고

표 6-2 **고구마 구매 시 고려사항**[12] (단위 %)

구분	품종	가격	크기	신선도	품질	제철	산지	기타	무응답
비율	45.9	12.1	11.2	9.4	9.1	6.9	4.2	0.8	0.5

※ 출처 : 농촌진흥청(2017), 농식품 소비 트렌드 분석 II, p.67

12 농촌진흥청의 소비자패널 1560가구 대상 설문조사 결과임

있다. 특히 〈호박고구마〉는 홈쇼핑 인기상품으로 선정될 정도로 유명세를 떨치고 있다. 공영홈쇼핑은 2018년 3월 인기상품으로 〈호박고구마〉를 선정했다. 〈호박고구마〉는 2018년 3월 한 달 동안만 5억원가량 판매되며 높은 인기를 누렸다. 합리적인 가격에 건강, 다이어트 식품이라는 인식이 높아지면서 수요가 몰렸다는 것이다. 이 가운데 〈해남 고구마〉와 〈고창 고구마〉가 인기가 높았다.

농민신문 조사 결과 한국인이 좋아하는 농산물로 꼽힌 고구마 (사진 전원생활)

농촌진흥청의 소비자패널 설문조사 결과, 고구마 구매 목적은 간식용이 66.6%로 가장 많았고, 성인병 예방 대용식(8.7%), 다이어트(7.7%), 식사 대용(7.4%), 변비 해소(5.9%) 등의 순이었다. 고구마 가공제품 선호도에서는 말랭이가 40.2%로 가장 높았고, 이어 피자(19.6%), 빵(10.2%), 칩(9.2%), 스틱(9%), 라떼(5,6%) 등 다양했다.

과거 겨울철 거리에 등장했던 군고구마 장수들이 최근 적어진 이유는 무엇일까. 고구마가 건강식품으로 인식돼 수요가 늘면서 가격이 올랐고, 장작 등 연료비가 상승한 데다 대도시 노점상 단속, 다양한 간식 증가, 추운 겨울철 실외 아르바이트를 꺼리는 추세 등이

영향을 주었다는 분석이 나온다.[13]

2 · 3위를 차지한 버섯과 감자도 활용도가 높은 것이 장점이다. 버섯은 품종별로 다양한 효능을 지녀 음식의 재료로는 물론 건강기능식품에까지 널리 쓰인다. 감자 또한 반찬 외에도 과자와 튀김 등의 재료로 사랑받고 있다.

농촌진흥청 조사 결과, 수도권 소비자의 7년간(2010~2016년) 가구당 연평균 버섯식품 구입액은 3만 8503원으로, 신선버섯이 3만 7357원, 가공식품이 1145원으로 나타났다. 버섯 유형별 구입액은 '느타리버섯 > 새송이버섯 > 표고버섯 > 팽이버섯 > 양송이버섯' 등의 순으로 많았다. 느타리버섯과 새송이버섯은 구입액이 감소추세이나 표고버섯 구입액은 점차 증가하고 있는 것으로 나타났다.

월별 버섯식품 구입액은 9월이 가장 많고, 7월이 가장 적었다. 가정에서 요리할 때 선호하는 버섯은 '표고버섯 > 새송이버섯 > 느타리버섯' 등의 순이었다. 표고버섯은 식감이 좋고 볶음 · 찌개 · 국에 많이 사용된다.[14]

표고버섯 구입 시 고려사항은 맛이 가장 높고 다음이 가격이었다. 표고버섯 구입 시 가격에 대한 고려 비율이 높은 것은 다른 버섯에 비해 값이 상대적으로 높기 때문으로 보인다.

---

13 김홍기 외(2017), 『2017 농식품 소비 트렌드 분석 Ⅱ』, 농촌진흥청, p.68~69
14 이항영 · 백선아(2016), 『대한민국 토탈 트렌드 2017』, 예문, p.5

높은 활용도로 사랑받는 다양한 버섯 (사진 농민신문)

감자도 인기다. 감자 가격은 수급상황에 따라 등락을 거듭하지만 장기적으로는 상승하는 추세를 보이고 있어서다. 한국농촌경제연구원에 따르면 〈대지〉 감자 가격(상품)은 2000년에서 2017년까지 연평균 4.6% 상승했다.

2015년 식품산업 원료로 사용된 가공감자는 대부분 국산 감자인 것으로 나타났다. 농심은 100% 국산 〈수미〉 감자를 사용했다. 농촌진흥청에 따르면 감자 가공식품에 대한 가구주 연령별 구입액은 40대의 구입액이 늘었다. 소비자패널 조사 결과 선호하는 감자의 크기는 100g 정도가 75%로 가장 높고, 다음이 150g(12%), 50g(10%) 등의 순이었다.

감자로 하는 요리는 찌개나 볶음이 가장 많고, 그 다음으로 쪄

표 6-3 표고버섯 구입 시 고려사항[15]

구분	맛	가격	양	기타
비율	50.8%	30.8%	6.4%	10.0%

※ 출처 : 정병헌 외(2017), 『2017 농식품 소비 트렌드 분석 II』, 농촌진흥청

먹는 것으로 나타났다. 크기가 200g 이상인 특대는 '감자볶음>찌개>감자전' 순이고, 대(150g)의 경우는 '감자볶음>찌개>찐감자' 순이며, 중(50g) 경우는 '찐감자>찌개>감자볶음' 등의 순이다. 연령별로도 선호하는 감자요리가 달랐는데, 30대 미만은 볶음과 찌개 등의 요리에 많이 사용하고, 40대는 찌개와 볶음 외에도 카레 · 튀김 등 여러 요리로 사용한다. 60대 이상은 쪄먹거나 조림에 주로 사용한다.

다양한 요리에 활용할 수 있어 인기 높은 감자 (사진 전원생활)

따라서 산지와 중량 외에도 감자 품종을 표시해 취향과 조리 목적에 따라 구매를 유도할 필요가 있다. 또 감자 구입이 주로 봄 감자 출하시기인 5~7월에 이뤄지는 만큼 여름 이후의 소비를 촉진할 수 있는

15 이항영 · 백선아(2016), 『대한민국 토탈 트렌드 2017』, 예문, p.5

방안이 필요하다.[16] 가공식품 원료 적성에 맞는 품종 개발도 빼놓을 수 없다.

10. 건조간식

건조간식 시장규모가 커지고 있다. 최근 웰빙 트렌드의 확산과 건강과 편의성을 중시하는 경향이 영향을 주고 있다.

건조간식은 과일이나 견과류, 건조서류 등을 원물 그대로 먹을 수 있도록 건조해서 가공한 제품이다. 식품첨가물을 첨가하지 않고 거의 원물만을 이용해 단순가공 처리한 식품 유형이다. 주로 간식으로 편리하고 쉽게 먹을 수 있다.

농촌진흥청은 원물 간식 시장규모를 2014년 기준 2800억원으로 추정하고 있다. 건조간식 구매가구를 분석한 결과, 가장 많이 구매하는 건조간식은 고구마 가공품인 것으로 나타났다. 감말랭이도 지속 증가하는 추세다. 대표적인 건조간식 중의 하나인 건포도의 경우는 2013년까지는 지속적인 증가추세였으나 2014년부터는 줄었다. 다른 건조간식의 소비가 늘어난 것이 영향을 준 것으로 분석된다.

16 이항영 · 백선아(2016), 『대한민국 토탈 트렌드 2017』, 예문, p.5

표 6-4 건조간식 구매 시 중요 선택요소

구분	맛	편의성	건강	가격
비율	41.4%	30.5%	19.8%	8.3%

※ 출처 : 농촌진흥청(2017), 『농식품 소비 트렌드 분석 Ⅱ』, p.202

건조간식은 외국에서도 소비가 늘고 있다. aT(한국농수산식품유통공사)의 조사에 따르면, 일본에서는 건강한 삶의 추구와 함께 간편하고 빠르게 먹을 수 있는 제품에 대한 선호가 높아지면서 건조과일 소비가 늘고 있다. 특히 주부층에서 많이 소비된다. 껍질을 벗기지 않아도 되기 때문에 음식물 쓰레기가 발생하지 않는 데다 여성의 사회진출 증가로 간편한 건조간식을 추구하는 경향이 반영된 것으로 분석된다.

농촌진흥청이 2017년 7월 소비자패널을 대상으로 건조간식 구매 시 중요 선택요소를 조사한 결과, 맛을 중시한다는 응답이 가장 많았고 이어 편의성, 건강, 가격 등의 순이었다.

또 건조간식은 구매 시 원산지를 고려해 구입하는 경향도 높은 것으로 나타났다. 가격 차이가 나더라도 국산 원료를 이용한 제품을 구입하겠다는 응답자가 많았다.

대형마트 등도 건조간식 코너를 별도로 설치하는 등 관심이 높아졌다. 소비자들이 맛과 편의성을 중시하는 만큼 원물의 맛과 풍미를 그대로 느낄 수 있도록 생산되고 소량포장된 형태의 제품이 인기를 끌 것으로 전망된다. 따라서 조직과 영양성분의 변화가 적은 새로운 건조가공 기술이 개발돼야 할 것이다.[17]

17 주재창 외(2017), 『2017 농산물 소비 트렌드 분석 II』, 농촌진흥청, p.192~204

돈이 보이는
농식품 소비 트렌드

제7장

농식품 소비 창출 전략 1 – 소프트웨어 중심

1. 품질 차별화로 승부
2. 융합으로 부가가치 창출
3. 컬러마케팅으로 색다르게
4. 상생마케팅으로 윈윈
5. 젊은 세대에 다가가자
6. 고령친화식품에 관심을
7. 친환경을 확산하자
8. 소비대체성과 보완성을 활용하자
9. 맞춤형 농식품 개발
10. 소비자와 생산 현장의 만남
11. 제철 마케팅과 명절 마케팅
12. 농산물 제값 받기 길라잡이

농식품 소비 창출 전략 1 –소프트웨어 중심

1. 품질 차별화로 승부

자유무역협정(FTA) 등 시장개방 확대에 따라 망고 · 체리 · 포도 등 수입 농산물 종류가 다양해지고 있다. 대형유통매장에서 계절에 상관없이 다양한 수입 농산물이 판매되면서 소비자들은 손쉽게 수입 농산물을 접할 수 있다.

수입 과일에 맞서 국산 과일의 차별화가 중요하다. 농민신문과 한국갤럽이 2017년 7월 국민 1005명을 대상으로 한 농식품 선호도 조사 결과 국산 과일이 외국산 과일보다 우수한 점으로는 '신선도(39.9%)' '맛(19.7%)' '안전성(17.0%)' '품질(8.2%)' 순으로 조사된 만큼 이 같은 차별화된 요소를 더욱 강화시켜나가야 한다.

한국농촌경제연구원에 따르면 소비자가 생각하는 사과 소비촉진

방안으로 맛(39%), 품종 다양성(21%), 가격 대비 만족도(19%), 건강 기능성(12%), 섭취 용이성(9%) 순으로 나타난 데서도 알 수 있다. 또 배의 품질과 가격과의 상관관계를 분석한 결과 당도가 높을 때 가격이 상승하는 것으로 분석된 만큼 당도 높은 고품질 배 생산으로 차별화해나가야 한다.[1)]

감귤의 경우도 맛(당산비)을 선호하는 소비 트렌드를 감안할 때 당도 향상에 노력을 기울여야 한다. 한국농촌경제연구원에 따르면 감귤 소비촉진을 위해 우선적으로 개선해야 할 사항으로 맛(당산비)을 향상시켜야 한다는 응답이 41%로 가장 많았고, 다음은 가격 대비 만족도(21%), 품종 다양성(19%), 건강 기능성(11%), 섭취 용이성(7%) 순으로 조사됐기 때문이다.[2)]

따라서 증가하는 수입 과일에 대응해 국내 과수산업의 경쟁력을 높이고 국산 과일 소비를 늘리기 위한 다양한 대책이 절실하다. 품질 개선과 생산기반 조성, 브랜드 육성 같은 과수분야 FTA 국내 보완대책의 실효성을 높여야 한다.

과수의무자조금을 활용한 국산 과일의 홍보도 강화해야 한다. 중·소과 선호, 컵과일 등 소비 트렌드 변화에 맞춰 수입 과일과 차별화한 생산·유통 체계를 만들고, 국산 과일을 원료로 한 식품

1 김성우 외(2018), 『과일 수급 동향과 전망』, 한국농촌경제연구원, p.487, 496.
2 한국농촌경제연구원(2018), 『농업전망 2018 II』, p.504~505

개발에도 신경 써야 한다. 학교 과일간식 지원사업의 확대는 물론 수출 활성화도 빼놓을 수 없다.

우리나라로 수입이 많이 이뤄지는 과일의 작황과 재배면적은 물론 수입량 등에 대한 지속적인 모니터링을 통해 보다 정확한 통계와 전망을 과수농가에 제공하는 일도 중요해졌다. 수입 확대 가능성이 높고 국내 과수산업에 미치는 영향이 큰 품목은 더욱 치밀한 통계가 요구된다.

'포도데이' 등 농축산물 데이마케팅과 연계해 국산 제철 과일에 대한 홍보도 강화해나가야 한다. 과수농가들도 품질 차별화와 중소과 생산 확대, 품종 다양화와 출하시기 분산 등 적극적인 대응이 요망된다.

육류도 마찬가지다. 한국농촌경제연구원의 2017년 농식품 소비행태 조사 결과, 육류 구입 시 주요 고려사항으로 맛이 38.2%로 가장 많았고, 품질 30.0%, 가격 13.7%, 안전성 11.3% 등으로 나타났다.

채소의 경우도 마찬가지다. 한국농촌경제연구원의 2017년 농식품 소비행태 조사 결과, 채소류 구입 시 주요 고려사항으로 품질이 35.1%, 맛 30.6%, 가격 15.8% 등으로 나타났다. 무는 가구 소비는 줄고 있지만 외식업체의 수요는 늘고 있는 만큼 이에 대응하는 농가의 생산 및 판매 체계 구축이 필요하다.

우리 농산물이 소비 증대를 위해서는 건강 기능성과 취급 및 섭취이 간편성, 고품질 농식품 개발을 확대하고 철저한 품질관리로 경쟁력을 강화해나가야 한다. 우리 농산물 소비촉진이 애국심에 호소하는 전략을 넘어서 당당하게 품질로 소비자에게 선택받는 마케팅 전략이 확산돼야 한다.

2. 융합으로 부가가치 창출

농식품 소비를 창출하기 위해서는 융합(融合 · Convergence) 전략이 좋은 방법이다.

융합은 시장구조와 경쟁수준을 변화시키고 상품과 서비스를 혁신시킨다. 기존 산업의 특징과 장점을 활용한 새로운 제품과 서비스가 등장하는 요소가 된다. 레드오션(Red Ocean) 시장에서도 블루오션(Blue Ocean)을 창출하고 위기 때 생존하기 위한 동력이 된다. 기존 산업 내부뿐만 아니라 이종(異種) 산업에서도 가치 창출이 가능하다.

따라서 농업 · 농촌이 갖고 있는 강점으로 기회를 살리는 융합 전략이 필요하다. 농업은 다른 산업과의 융합으로 시너지 창출이 가능한 분야가 많기 때문이다.

우선 농업과 식품의 융합을 들 수 있다. 건강지향 · 편의성 등 소비자 요구에 맞춰 국내 농축산물을 활용한 식품 개발을 확대해나가야 한다. 정보통신기술(ICT)과의 융합은 농업의 첨단화를 위해 필요하다. 스마트팜과 농산물 도매시장에서 현물 없이 영상자료를 기반으로 거래할 수 있는 '이미지 경매' 등이 그것이다. 이미지 경매시스템은 기존의 도매시장 경매방식에 ICT 기술을 접목해 출하자 · 상품 · 화상 정보를 제공함으로써 중도매인들이 편리하게 경매에 참여할 수 있는 시스템이다.

농업과 전통 및 문화의 융합도 좋은 사례다. 농촌은 현대사회에서 가장 많은 전통을 보유하고 있다. 이런 전통자원을 잘 활용하면 농업의 새로운 활로를 개척할 수 있다. 농식품의 해외수출 확대를 위해 한류(韓流)와의 융합도 중요하다.

농촌과 관광의 융합도 필요하다. 농촌을 도시민의 힐링 장소로 육성해나가면 농산물 소비 확산과 농외소득 창출에도 큰 도움이 된다. 전남 순천만국제정원박람회 등이 좋은 사례다. 원예체험 등 '치유농업' 프로그램 개발과 보급으로 국민들의 심신건강 증진에도 기여할 수 있다.

농업과 마케팅의 융합도 빼놓을 수 없다. 품목별 수요 예측은 물론 다른 산업 분야의 고도화된 마케팅 기법을 농축산물 판로 확대에 활용하는 것이 바람직하다.

교육과의 융합도 농업의 외연 확장에 필요하다. 청소년들에게 농업 · 농촌의 중요성을 알리는 일이 중요해졌기 때문이다. '우리쌀빵아카데미'처럼 우리 농산물을 이용한 교육도 확산되길 바란다.

물론 융합에서도 농업의 주체성을 유지하고 다른 산업의 장점을 잘 활용하는 형태가 바람직하다. 또 융합적 사고(思考)를 키우고 다양한 연구를 통해 적합한 비즈니스 모델을 찾아내는 것이 중요하다.

전남 곡성 세계장미와 전남 명품한우가 만나 마케팅을 펼친 것이 좋은 융합사례다. 전남 곡성군에 따르면 2018년 5월 23일부터 이틀간 곡성세계장미축제장에서 '전남 명품한우 대축제'가 성황리에 개최됐다. 이 같은 '한우와 장미의 만남'은 지역의 유명축제 테마인 '세계 장미'에 '우리 한우'의 우수성을 결합시킴으로써 시너지를 창출하겠다는 한우자조금관리위원회와 (사)전국한우협회 광주전남지회, 전국한우협회 곡성군지부의 전략에서 추진됐다. 행사에서는 축제장을 찾은 관광객들에게 다양한 이벤트 및 시식회를 열어 우리 한우의 뛰어난

전남 곡성 장미와 명품 한우의 만남 (사진 곡성군청)

맛과 품질을 선보였으며, 특히 곡성축협과 연계한 할인행사를 통해 관광객들이 안전하고 맛있는 한우를 저렴하게 구입해 식당에서 직접 구워 먹을 수 있는 장을 마련했다.

이처럼 감성과 컬러, 스토리를 농식품에 입혀 농식품 소비를 창출해나가야 한다. 통(通)하면 다(多) 된다.

3. 컬러마케팅으로 색다르게

색은 단순히 시각적 이미지로서의 역할뿐만 아니라 연상작용을 통해 인간의 감정에 영향을 주는 기능도 한다.

농촌진흥청에 따르면 색깔에는 다채로운 의미가 있으며, 특히 농산물의 색은 그 자체가 영양소다.

녹색은 생명과 젊음, 희망의 색으로 봄 · 신뢰 · 낙원 · 평화를 상징하며 현대인들에게 몸과 마음의 휴식처로서의 의미가 있다. 녹색 식품에는 카로티노이드와 비타민C, 칼슘과 인 등의 미네랄이 풍부하며, 특히 초록색을 띠는 엽록소는 신진대사 촉진과 피로해소 효과가 있다. 녹색은 대부분의 채소에 포함돼 있으며 시금치와 브로콜리, 녹차 등이 대표적인 녹색 농식품이다. 특히 시금치는 미국 보건당국이 어린이에게 시금치를 많이 먹게 하기 위해 만든 만화영화로 '뽀빠이'가 있을 정도다. 시금치는 유아의 성장 촉진과 빈혈

예방에 효과적이다. 또 두릅은 비타민A · C와 칼슘이 풍부하며 사포닌 성분이 혈액순환에 좋아 피로를 풀어주는 효과가 있다. 달래 100g에는 비타민C 일일 권장섭취량 3분의 1이 함유돼 있다.

빨간색은 왕성한 에너지와 활기 넘치는 젊음, 생명과 죽음, 열정과 사랑, 으뜸과 신성을 의미한다. 빨간색 식품에 포함된 폴리페놀은 강력한 항산화 작용으로 몸속의 유해산소를 청소함으로써 노화를 방지하고 암을 예방한다. 토마토나 수박 등에 함유된 라이코펜은 전립선 건강 증진과 노화방지에 도움을 주며 알코올 분해 효과도 탁월하다. 딸기와 자두에 들어 있는 안토시아닌 성분은 아스피린보다 10배나 강한 산화작용, 토코페롤보다 수배의 노화방지 효과가 있다. 매운 음식에 필수적인 빨간 고추는 혈액순환을 돕고 노화방지를 돕는 캡사이신 성분이 포함돼 있다.

흰색은 어떤 색이든 덧입힐 수 있다는 면에서 완전한 색이자 절대적인 색을 의미한다. 흰색은 대부분의 문화권에서 공통적으로 순결 · 청결 · 순수 · 신성 · 정직 등을 의미한다. 흰색 식품은 폐와 연관돼 호흡기의 기능을 강화하고 안토크산틴, 플라보노이드 성분이 풍부해 자연 저항력을 높여준다. 무 · 양배추 · 양파 · 마늘에는 기능성 성분이 함유돼 세포돌연변이 억제 등의 역할을 수행한다. 무에는 전분을 분해하는 디아스타제(Diastase)와 단백질 분해효소인 프로테아제(Protease)가 풍부하다. 양파는 날것으로 먹으면 비타민B_1의 흡수가 좋아져 신진대사가 좋아지고 피로회복이 빨라져

스태미나가 증강된다.

검정은 격조와 품위를 상징하며 절제된 미와 신비롭고 고급스러운 권위를 의미한다. 검은색 또는 짙은 보라색 음식은 예로부터 노화방지와 체력증진에 좋은 것으로 알려져 있으며 탈모방지에도 효과가 있다. 검은색 식품에 풍부하게 들어 있는 안토시아닌은 면역력을 향상시키고 각종 질병을 예방하는 효과가 있다. 검은콩은 단백질과 비타민B군이 풍부해 혈액순환을 촉진시키고 혈관을 강화한다. 검은깨는 소화효소가 많고 지방질이 풍부해 간장과 신장을 보호한다. 포도는 대표적인 알칼리성 식품으로 근육과 뼈를 튼튼하게 하고 이뇨작용과 생혈 및 조혈작용으로 빈혈에 효과가 있다. 블루베리는 미국 농무부(USDA) 산하 인체노화연구소에서 질병의 예방 및 치료 효능을 인정했다. 예로부터 왕의 보양식은 주로 흑색으로 구성된 것으로 알려지고 있다. 특히 장수를 누린 숙종은 오골계 · 흑염소 · 흑우 · 검은깨 · 검정콩으로 만든 '흑색탕'을 즐긴 것으로 내려져 온다.

노란색은 가장 고귀한 색으로 부와 권위, 행복과 명예, 지혜와 조화를 의미한다. 노란색 식품은 소화, 흡수, 영양물질 운반 등에 관여하는 비장(脾臟)을 튼튼하게 하는 효과가 있다는 고의서 기록이 존재한다. 또 예로부터 노란색 식품은 신맛과 단맛이 모두 있어 소화가 잘되기 때문에 소화기관이 약한 사람에게 권장된다. 노란색 식품은 카로티노이드계 색소 중 하나인 베타카로틴이 풍부해 시력 유지를 돕고 피부와 점막을 건강하게 유지하는 데 도움을 준다. 늙은 호박, 노란색 파프리카, 유자, 당근, 감귤, 살구, 황도 등이 대표적인 노란 농식품이다. 특히 노란색 호박은 비타민A, 칼슘, 철분, 베타카로틴이 함유돼 있어 산후 조리용 호박죽으로 이용된다.

이처럼 농산물의 색이 요리 디자인에 활용되는 것에서 나아가 그 자체의 영영학적 기능이 부각되면서 '컬러푸드 운동'이 시작됐다. 식물의 색에는 파이토케미컬(Phytochemical)이라는 기능성 영양소가 존재하는데, 이것이 바로 천연색 건강의 비밀이다. 파이토케미컬은 식물 속의 천연물질로 사람의 몸에 들어가면 항산화, 항염 및 해독 등의 작용을 한다.

그래서 컬러는 농업의 핵심 키워드로 부상했다. 본래의 영양소에 더해 색소에 담긴 기능성까지 섭취할 수 있다는 장점을 내세우면서 흑미(黑米)에서부터 다양한 유색 곡물이 등장했다.

안토사이닌이 함유된 흑미와 붉은 보리, 황금색 팥 등도 개발돼 재배중이다. 자색 · 붉은색 · 노란색 등 다양한 색의 감자와 고구마 품종도 등장해 소비자의 선택의 폭을 넓히고 있다. 농촌진흥청이 개발한 유색감자 〈자영〉 〈홍영〉은 전립선암 세포주에 대한 강력한 억제 효과 등이 확인됐다. 겉과 속이 모두 보라색인 〈신자미〉, 호박색의 〈주황미〉 등 다양한 컬러고구마도 개발됐다.

천연색소의 기능성이 부각되면서 다양한 색으로 변신한 컬러 채소도 속속 등장했다. 본래 적황색이던 당근이 노랑 · 보라 · 검정 등 다양한 색으로 변신한 '레인보우 당근'이 등장했다. 붉은색의 대표주자인 토마토가 노란색 · 오렌지색으로 변신하고 검은색 토마토도 출시됐다. 파프리카는 빨간색 · 노란색 · 오렌지색 등으로 구성된 대표적인 컬러 농산물이다. 다양한 색의 컬러푸드를 테마로 하는 샐러드 메뉴가 생겨나고 컬러푸드 전문 레스토랑도 등장했다.

과일도 다양한 색으로 변신을 시도하고 있다. 속까지 빨간 사과는 겉모습에 치중하기 쉬운 소비자들에게 신선한 충격을 주었다. 농촌진흥청에서는 분홍색 · 노란색 포도와 붉은색 배 등 다양한 색의 과일을 개발 중이며 일부는 보급했다.

색과 맛, 영양, 보는 즐거움이 배가된 컬러버섯도 등장했다. 느타리버섯 품종 〈금빛〉은 노란색, 〈노을〉은 분홍색, 〈고니〉는 하얀색으로 요리의 맛과 멋을 배가시킬 수 있어 인기를 얻고 있다.

축산 분야에서도 흑돼지와 흑염소, 오골계, 화려한 색의 재래닭 등 컬러가축에 대한 관심이 커지고 있다.

천연 재료의 아름다운 색을 식품가공에 이용해 기능성과 디자인을 조화시킨 다양한 가공식품도 등장했다. 녹차아이스크림, 녹차라떼, 검은콩 두유, 석류 홍초, 블루베리 초콜릿 등이 대표적이다.

농업의 다양한 컬러는 식량작물과 채소, 과수, 화훼는 물론 축산과 누에, 버섯, 가공식품의 맛과 멋을 배가한다. 특히 다양한 색의 쌀, 보리, 감자, 고구마 등의 식량작물은 기존의 색과 다른 독특한 색과 기능성으로 농산물의 외연을 넓히고 있다. 농업의 다양한 색은

천연색소로 활용돼 식용과 화장품의 소재로도 활용된다.[3)]

이처럼 컬러마케팅은 소비자의 다양성 추구 시대에 맞는 유효한 마케팅 전략이다. 컬러마케팅은 제품의 선택 과정에서 중요한 변수로 색을 설정해 상품의 구매력을 높이는 데 유효하다. 사람들이 색깔에 대해 감성적인 반응을 보일 때 구매와 직결될 수 있다는 것이 이 마케팅의 원리인 셈이다.

따라서 컬러 농산물에 대한 소비자의 관심을 농산물 경쟁력 강화의 기회로 활용하는 전략이 필요하다. 다양한 색을 활용해 농산물의 가격과 품질을 뛰어넘는 새로운 부가가치 창출을 할 수 있어서다. 그래서 컬러푸드의 기능성을 강조하는 마케팅 전략이 필요하다. 식품의 다양성을 추구하는 소비자의 기호는 새로운 색깔을 가진 이색(異色) 농산물에 대한 구매 증가로 나타나기 때문이다.

소득수준이 높을수록 이색 농산물 수요가 늘고 있는 소비 트렌드를 감안하면 과일과 과채류는 당도 등 품질관리가 확실하게 된다면 컬러 마케팅을 더할 경우 구매가 큰 폭으로 증가할 것으로 예상된다.

따라서 동일한 품목이라도 서로 다른 색깔이 혼합된 상품을 개발하는 전략이 필요하다. 그 예로 빨강 · 노랑 등 4색 파프리카와 3색 토마토 등이 있다. 색깔 중심으로 신선농산물의 매대를 구성하는

3 김재현 외(2011), 『농업에 色을 입히다』, 인테러뱅 11호, 농촌진흥청

정부의 컬러 농산물 마케팅

전략도 필요하다. 노란색이나 빨간색 농산물 코너 등으로 말이다.[4) 농촌진흥청 조사 결과 포도의 경우 소비자가 선호하는 색깔은 자흑색이 53.6%로 가장 많고, 자적색 20.5%, 녹색 16.3%로 나타난 것을 마케팅에 참고할 필요가 있다.

4. 상생마케팅으로 윈윈

상생마케팅은 가격과 수급이 불안정한 농산물을 기업의

4 김성용 · 이병서(2017), 『10대 이슈로 본 농식품 구매 트렌드』, 농촌진흥청

후원으로 할인 판매해 농가는 소득을 높이고, 소비자는 가계비를 절감하고, 기업은 광고효과를 꾀하는 '기업 · 생산자 · 소비자 간 상생협력운동'이다

규격화된 농산물 박스 위에 기업의 광고를 게재하고 그 광고만큼 상품가격을 인하해줌으로써 기업은 상품광고를 통해 기업 이미지 제고에 기여하고, 생산자는 제값을 받는 대신 소비자는 저렴하게 농산물을 구입할 수 있어 1석3조의 효과를 거두는 마케팅이라고 할 수 있다. 특히 농산물 공급과잉과 소비부진으로 판매에 어려움을 겪고 있는 농가에 큰 도움이 된다. 그동안 계절적으로 수급 안정에 문제가 된 양파 · 마늘 · 고추 등의 소비촉진에 효과를 거둔 것으로 평가되고 있다.[5]

농협이 2013년부터 시작한 상생마케팅은 지속 성장 중이다. 현대자동차, 롯데, CJ 등 참여기업도 늘고 있다.

농업계와 기업의 상생협력 유형은 여러 가지가 있다. 먼저 '사회공헌형'은 기업의 사회기여 차원에서 지역 농업 · 농촌과 협력하는 유형이다. '원료구매형'은 기업이 가공판매 목적으로 국산 농산물을 구매하는 것이다. '수출협력형'은 OEM · PB · 해외 판매망 공유 등 수출 단계에서 협력하는 유형이다.[6] 이 밖에도 '공동출자형'

5 이상욱(2016), 『새들은 한쪽 날개로 날 수 없다』, 현대문예, p.202~203
6 박재홍(2015), 『농업과 식품산업의 상생 협력 방안』, 한국농촌경제연구원

'유통판로협력형' '종자개발형' '제품개발형' 등의 유형을 찾아볼 수 있다.

산지와 기업 간의 대표적인 상생 사례로 SK그룹과 충북 오창농협을 들 수 있다. SK그룹은 친환경 온라인쇼핑몰을 운영하고 있는데, 이 온라인쇼핑몰의 물량 공급을 오창농협이 하고 있다. 이를 통해 SK그룹은 임직원들에 대한 복지개선 효과를, 오창농협은 지역 농산물의 안정적인 판로를 확보할 수 있게 됐다.

CJ와 전북 황등농협은 쌀가공사업 분야에서 협력하고 있다. CJ는 계절밥상 내에 직거래 '계절장터'를 개설해 농가들의 판로를 지원하고, 제철 우리 고유 농산물을 활용한 메뉴를 개발해 소비하고 있다.

SPC그룹은 전북 익산, 경북 의성, 경남 진주 등 지역단위 원료 주산지와 연계해 쌀·마늘·사과 등 다양한 농산물을 직거래로 구매하고 있다. 그룹 계열사인 파리바게뜨는 '가을엔 사과요거트 케이크'를 출시했다.

대한항공은 항공물류 서비스를 제공해 새송이버섯 등 국산 농산물의 해외 수출을 지원하고 있고, 롯데마트도 해외 유통망을 활용한 수출 유망 품목을 지속 발굴하고 있다. 현대백화점은 지역에 숨겨진 우수한 우리 농산물을 '명인명촌' 브랜드로 출범했고, 이마트는 '국산의 힘 프로젝트'를 통해 이 땅의 농부·어부 등 생산자들이 제 자식처럼 키워낸 먹거리를 귀하게 만들고 더욱 성장하도록 돕고 있다.

5. 젊은 세대에 다가가자

미래 소비의 주체인 젊은 세대들의 가공식품 소비가 상승하고 있다. 이들은 원산지보다 맛과 품질, 가성비(가격 대비 성능)를 중시하는 소비 특성을 나타낸다. 따라서 이러한 특성을 파악해 생산 현장에 반영하고 가공식품 시장 증대의 기회로 활용해나가야 한다.

즉석밥 · 컵밥 · 편의점도시락 등 가공밥 소비가 늘어난 이유 중의 하나는 젊은 층의 취향에 맞춰 편의성을 높인 것이 영향을 주었다는 분석이다.

농림축산식품부가 디저트를 선호하는 젊은 세대를 위해 전문 요리사와 함께 쌀빙수, 크레이프(반죽을 뜨거운 프라이팬에 얇게 부어 만든 일종의 팬케이크), 파이 등 쌀을 주재료로 한 다양한 종류의 후식 제품을 개발한 것도 만들기 쉽고 맛있는 쌀 후식 개발 등을 통해 쌀에 대한 젊은 층의 인식을 전환하고 소비를 촉진하기 위해서다.

또 농협과 오리온의 합작법인인 오리온농협(주)이 2018년에 선보인 쌀초코스낵은 트렌드에 민감한 20~30대를 타깃으로 개발한 제품이다. 이 제품은 초콜릿에다 쌀 · 옥수수를 혼합해 부드러운 식감을 자랑한다.

토마토의 경우 젊은 세대가 선호하는 방울토마토, 다이어트용에 적합한 토마토 등의 개발이 필요하다. 젊은 층이 방울토마토를 가까운 슈퍼마켓에서 소량으로 구매하는 소비 트렌드에도 대응해야 한다.

6. 고령친화식품에 관심을

우리나라는 출산율의 급격한 하락과 평균수명 연장 등으로 고령화 시대를 맞고 있다. 고령화 속도를 보면 고령화사회(65세 이상 인구가 7% 이상)에서 고령사회(65세 이상 인구가 14% 이상) 진입까지 18년, 고령사회에서 초고령사회(65세 이상 인구가 20% 이상) 진입까지 8년이 소요될 것으로 추정된다. 이는 미국 · 유럽 · 일본에 비해서도 빠른 추세다.

이 같은 고령화가 식품 소비에 미치는 영향을 주목할 필요가 있다. 고령자는 소비 성향, 식생활 행태, 선호식품 등에서 차별화되기 때문이다. 고령층은 대체로 건강에 대한 관심이 높은 반면 음식을 씹는 데 불편함을 느끼기 쉽다. 이는 고령친화식품에 대한 수요를 증대시킬 것이다. aT(한국농수산식품유통공사)에 따르면 고령친화식품 시장은 2011년 5104억원에서 2015년 7903억원으로 늘었다. 따라서 고령자의 농식품 소비 성향과 식생활 형태, 선호식품을 파악하는 것이 중요하다.

고령친화식품특별법 제정이 검토되고 있는 점도 주목할 필요가 있다. 김철민 더불어민주당 의원이 2017년 주최한 '고령친화식품산업 토론회'에서도 이 문제가 집중 거론됐다. 이 자리에서 전문가들은 고령친화식품 산업이 시장규모가 급증할 전망이지만, 섭식장애를 개선하고 소화를 향상시킬 고령친화식품은 매우 부족한 실정이라고 지적했다. 또 고령친화식품에 대한 기준 · 규격도 마련돼 있지 않고 제도적 지원도 없다는 것이다.

따라서 고령친화식품 육성을 위해서는 산업적 차원의 체계적인 접근과 함께 관련법의 제·개정과 지원제도 확대가 요구된다. 고령친화식품특별법 제정 검토, 고령친화산업진흥법 · 노인장기요양보험법 개정과 함께 고령친화식품 및 식품서비스에 대한 인증제 도입, 전문인력 양성, 관련 부처 간 협업체계 구축 등이 필요하다는 것이 전문가들의 제안이다.

특히 지역 농특산물을 활용한 맞춤형 식품 등 국산 농산물과 연계한 제품 개발과 생산을 활성화해나가는 것이 중요하다. 일례로 껍질이 얇은 농산물 등 노인층이 섭취하기 쉬운 농산물 개발을 확대하는 것이다. 우리 농산물의 소비 확대에 중요하기 때문이다.

연구 · 개발도 빼놓을 수 없다. 고령층의 식품섭취 형태 등을 분석한 후 고령친화식품 재료와 먹기 편리한 고령층 전용음식 개발을 확대할 필요가 있다. 우리나라는 고령층 빈곤율이 높기 때문에 저소득 고령층이 경제 문제로 건강한 식품을 제대로 섭취하지 못하게 될 수 있는 만큼 식품지원 정책의 개발도 요구된다. 고령친화식품의 활성화를 위해 미국 · 일본 등 선진국처럼 정부 차원의 지원을 확대해나가는 제도 개선과 정책 마련 또한 절실하다.

고령친화식품은 케어푸드로 그 외연이 확대되고 있다. 케어푸드(Care Food)는 노인 · 아이 · 환자 등 여러 이유로 식사가 제한되는 사람들이 섭취하기 쉽도록 만들어진 맞춤형 음식을 말한다. 최근이 분야에 진출한 CJ제일제당은 2018년 하반기부터 케어푸드 전문브랜드와 신제품을 출시할 계획이다. '부드러운 불고기덮밥' '구수한 강된장비빔밥' '마파두부덮밥' 등 5종류는 이미 개발을 마쳤다. 현대백화점의 식품기업인 현대그린푸드는 2017년 10월 연화식(軟化食 · 씹고 삼키기 편한 음식) 전문 브랜드를 만들었다.[7]

7. 친환경을 확산하자

친환경식품 매장수와 매출액이 증가하고 있다. 농림축산식품부가 농식품신유통연구원을 통해 친환경농산물전문판매점 등 36개 기업을 대상으로 실시한 친환경농식품판매장 현황 조사(2016년 말 기준) 결과에 따르면, 2016년 친환경농식품 매장수는 5446개소로 2015년에 비해 1.5%가 증가했다. 매출액도 1조 4723억원으로 2015년보다 8.9%가 늘었다. 이 같은 매출액 증가율은 전체 음식료품 소매판매액 증가율 5.8%보다 높았다. 점포당 평균 매출액도 2015년 6억원에서 2016년은 6.5억원으로 상승했다.

친환경농식품 판매장 관계자들은 친환경농식품의 품질과 가격에

7 중앙일보 2018년 6월 26일자, 『100세에도 먹기 편하게…날개 단 케어푸드』

친환경농식품 매장수와 매출액은 꾸준히 증가하고 있다. (사진 농민신문)

대해 생산자와 소비자 간의 기대치 차이가 있어 '판매활성화가 어렵다'는 점을 지적했다.[8]

따라서 친환경농식품 시장 활성화를 위해서는 건강과의 연관성과 환경영향에 대한 긍정적인 측면을 적극적으로 홍보할 필요가 있다. 가구소득이나 교육수준이 높을수록, 가구주의 연령이 낮거나 가구원수가 증가할수록 친환경식품을 구입하는 비중이 대체적으로 높아서다.

친환경제품 구매 등 친환경생활을 실천할 때 소비자에게 포인트

8 농림축산식품부(2017), 『친환경농식품 매출액 및 판매장수 증가』 보도자료

적립 등을 지원하는 프로그램인 '그린카드제'와의 연계를 통해 친환경농업의 환경가치를 부각시키면서 동시에 소비자에 대한 실질적인 혜택 부여를 확대할 필요가 있다.

친환경농산물 재배단지에서 도시 소비자들을 초청해 '오리 넣기' 등 현장체험으로 생산자와 소비자 간의 연대감을 확산해나가는 것도 빼놓을 수 없다. 친환경농산물자조금 등을 활용해 교육 홍보를 확대하고 인증관리도 강화할 필요가 있다. 판로 확대와 생산비 절감 등 다양한 대책 마련도 중요하다.

이런 측면에서 농림축산식품부가 2018년부터 친환경농업직불금 지급단가를 인상하고 지급기간을 확대한 것은 의미가 있다. 친환경농산물을 생산하는 농가와 외식기업과의 상생협력 지원도 강화할 필요가 있다. 친환경농산물을 안정적으로 공급할 수 있는 농가를 발굴하고 외식기업 등과 연계해 농가소득을 창출하는 것이다. 기업은 농가로부터 매입한 친환경농산물을 이용해 고품질의 가정간편식(HMR) 등을 제조해 소비자에게 공급함으로써 친환경농업의 가치를 확산시킬 수 있다. CJ푸드빌 계절밥상이 친환경농산물을 활용한 신메뉴를 2017년 9월에 선보인 것이 그 일례다.

표 7-1 친환경농업직불금 예산 현황 (단위 백만원)

연도	2016년	2017년	2018년
금액	43,650	41,096	43,545

※ 출처 : 농림축산식품부(2017), 『친환경농업직불금 단가 인상』 보도자료

8. 소비대체성과 보완성을 활용하자

과일은 소비대체가 강한 특징을 갖고 있다. 소비대체가 강하다는 것은 다른 품목으로 쉽게 대체된다는 단점도 있지만, 역으로 소비확대의 기회로 활용할 수 있다. 수입 과일을 구매하는 이유에 국산 과일과의 시기 등이 차이가 영향을 미치고 있는 데서도 알 수 있다.

감귤과 오렌지는 소비대체 관계가 강하다. 그런데 3~8월에 수입되는 미국산 오렌지 계절관세가 2018년부터 철폐되면서 무관세로 수입되고 있다. 일반적으로 계절관세는 해당 품목의 수입에 따른 국내 농가의 피해를 최소화하기 위해 농산물 수입 시기와 국내 생산·출하의 계절성을 고려, 국내산 성출하기에는 상대적으로 높은 관세를 적용하고 그 외 기간에는 관세를 철폐하거나 감축하는 제도다.

한·미 자유무역협정(FTA)에서 오렌지는 계절관세를 적용, 국내산 감귤 생산·출하 시기인 9월부터 다음해 2월까지는 기존 양허세율인 50%를 적용하고, 3~8월에는 30%의 관세율에서 시작해 매년 순차적으로 감축해 2018년부터 완전히 철폐하기로 했다. '0%'가 된 것이다.

당장 감귤 주산지에서 위기감이 커졌다. 오렌지 수입량이 1% 증가하면 〈한라봉〉 가격은 0.9% 하락한다는 전문가의 발표가 나온 데다 수입 오렌지 가격도 내려가고 있다. 미국산 오렌지 가운데 80%가 넘는 물량이 관세가 철폐된 3~8월에 수입되는 점은 우려를 더하고 있다.

과일 수입이 늘고 있는 만큼 소비대체 관계를 고려해 국내산 출하시기를 조절하고 품종도 배분하는 것이 필요하다. 포도의 경우 수입 국가별로 수입량이 많은 시기는 칠레는 3~5월이고, 미국은 7~12월, 페루는 11월~다음해 2월, 호주는 3~4월이다.

수확기와 명절에 집중되는 배와 감의 소비를 확대하기 위해서는 품종을 다양화해 출하시기를 분산할 필요가 있다. 배는 중만생종인 신고배가 재배품종의 80%를 차지하고 있는데, 추석 시기에 출하가 가능한 신품종 개발을 확대해 출하시기를 분산해나가는 것이 필요하다.

현미는 백미의 대체재이고, 흑미와 찹쌀은 백미의 보완재이다. 권오상 · 강혜정(2014)의 연구 결과, 백미 가격 1% 상승 시 현미 구입량이 0.4% 증가한다. 돼지고기는 부위별 소비대체 효과가 상당하다. 삼겹살과 목심이 대표적이다. 최근 분석에 따르면 삼겹살 가격 1% 상승 시 목심 소비가 0.25% 증가한다.[9]

9 권오상 · 강혜정(2014), 『소비자의 농식품 구입품목, 구입빈도, 구입량 선택행위 분석』, 농촌진흥청 2014 농식품 소비트렌드 발표회

9. 맞춤형 농식품 개발

1인 가구는 앞으로도 꾸준히 증가할 것으로 예상된다. 따라서 1인 가구가 선호하는 소포장 · 간편식 등에 적합한 농식품 개발을 확대해나가야 한다. 세대별 맞춤형 식품 개발도 중요하다. 중고생들에게는 학업 성취도, 청년층에게는 스트레스 해소, 중장년층에게는 항노화 등 세대별 요구에 특화된 맞춤형 농식품을 개발하는 것이다.

맞춤형 품종 개발과 보급도 중요하다. 국내 재배환경과 소비자 기호에 적합한 국산 신품종을 개발하고 보급하는 것이다. 이런 측면에서 농촌진흥청이 사과 품종으로 〈썸머킹〉 〈아리수〉, 배 품종으로 〈한아름〉 〈신화〉, 포도 품종으로 〈홍주씨들러스〉 〈청수〉, 복숭아 품종으로 〈유미〉 〈수미〉, 단감 품종으로 〈로망〉 〈조완〉 등을 육성해 보급하고 있어 관심을 모은다.

이를 품목별로 좀 더 자세히 들여다보자. 먼저 배의 소비 확대를 위해서는 크기, 소비자 성향, 용도, 소비처 등 소비 행태에 따른 판매 세분화 전략이 필요하다. 선물용은 크기가 큰 것을, 자가소비용은 크기가 작은 것을 선호하는 것으로 나타났기 때문이다. 따라서 추석 시기에 출하가 가능한 품종과 자가소비용으로 크기가 작은 품종을 개발하는 것이 필요하다. 또 품종 다양화를 통해 단일품종 편중 현상을 해소할 필요가 있다.

토마토는 생식용과 주스용 상품을 차별화하는 것이 필요하다. 생식용은 크기·당도·맛 등의 품질을 향상시키는 데 주력하는 반면 주스용은 원가를 절감하는 전략이 그것이다. 썰지 않고 먹을 수 있는 중소형과(150~180g) 생산도 빼놓을 수 없다. 다이어트용에 적합한 토마토 개발도 필요하다.

이와 함께 보다 다양한 소비층을 확보하기 위해서는 소비자의 인구사회학적 특성을 분석해 품목별로 판매 방법과 포장 단위 등을 차별화할 필요가 있다.

돼지고기도 고소득층과 저소득층의 선호도를 각각 고려하는 마케팅 전략이 필요하다. 농촌진흥청 조사 결과, 고소득층은 품질과 안전성을 중시하고 있으나 저소득층은 가격을 중시하고 있는 것으로 나타났다.

과일을 껍질째 먹는 소비 트렌드에 따라 껍질이 얇고 부드러운 과일 품종 개발도 필요하다. 특히 과일 크기가 작을수록 씨가 없어 먹기 편한 품종에 대한 니즈가 커지는 경향을 보이는 만큼 이를 충족시킬 수 있는 품종을 개발할 필요가 있다.

외식업체의 농식품 구입 경로도 살펴볼 필요가 있다. 한국농촌경제연구원이 2017년 외식업체의 식재료 구매실태를 분석한 결과, 육류의 경우 주로 1~2회 원물 형태로 구매하고 냉장으로 유통되는 것으로 나타났다. 또 채소류는 주 1~2회 원물 형태로 구매하고 상온에서 냉장으로 유통되는 것으로 분석됐다. 쌀은 월 2~3회 구매하는 비중이 높은 것으로 분석됐다. 육류는 주로 개인 도매상, 식자재 마트, 식재료

유통법인, 프랜차이즈 본사에서 구매하는 비중이 높은 것으로 나타났다. 반면 쌀과 채소류는 식자재 마트, 개인 도매상, 도매시장 또는 일반 대형마트에서 주로 구매하는 것으로 분석됐다. 따라서 외식업체들의 이러한 유통에 맞춘 맞춤형 농식품이 필요하다.

대형마트들이 매출을 늘리기 위해 단순 판매형 매장에서 벗어나 외식과 생활, 놀이시설 등을 접목한 생활형 체험매장으로 전환하거나 온라인몰, 창고형 매장, 전문점 등으로 사업을 다각화하고 있는 것도 소비자 트렌드를 반영한 맞춤형 마케팅이다.

친환경농식품의 경우도 소비를 촉진하려면 생산 및 유통 부문에서 지금보다 가격을 낮출 수 있는 적절한 대책이 필요하다.

농산물 연관 구매형태를 분석해 모둠포장 꾸러미 직거래 사업도 활성화할 필요가 있다. 양배추는 양파 · 당근 등, 두부는 애호박, 콩나물은 버섯류, 양파는 감자와 함께 구매하는 경향을 보이고 있기 때문이다.

돼지고기와 쌈채류는 소비 연계성을 가진다. 농촌진흥청의 분석 결과, 돼지고기 구입액 추이와 상추 구입액 추이는 유사한 형태를 보이고 있다. 돼지고기는 겨울철 구입액 감소 이후 3월 쌈채류 생산량 증가와 함께 소비가 증가하는 형태를 보인다. 특히 여름 휴가철 돼지고기 수요 증가와 함께 쌈채류 구입액도 증가한다.

10. 소비자와 생산 현장의 만남

소비 정보와 생산 현장의 만남이 활발해져야 한다. 서울 가락동 농수산물도매시장 법인과 농촌진흥청 국립원예특작과학원이 신품종 농산물 현장보급과 연구개발 활성화를 위한 업무협약을 맺은 것 등이 대표적이다. 이들은 신품종 · 신기술을 적용한 신상품 기획 판매와 농산물 수요처별 요구에 대응한 맞춤형 기술지원 등의 협력 사업을 하고 있다.

농식품 소비 창출을 위해서는 이처럼 새로운 품종의 농산물을 시장에 알리는 등 농식품 연구 · 개발 · 생산 현장에서도 유통업체와의 협력을 확대해나가야 한다. 소비자가 원하는 농산물 생산을 위한 기술보급 확대도 필요하다. 예를 들어 감귤의 경우 토양피복(타이벡) 재배와 감귤 가공식품의 개발을 늘리는 것 등이다.

11. 제철 마케팅과 명절 마케팅

사계절이 뚜렷한 우리나라에서는 계절별로 선호하는 요리가 다르다. 농식품 소비 창출과 확대를 위해서도 이를 적극 활용할 필요가 있다. 몸에 좋은 제철음식이 건강에 좋은 음식으로 부각하고 있어서다.

농촌진흥청의 조사 결과, 사과의 월별 직거래 구매액은 9월과 11월이 많았다. 배의 월 평균 구입액은 9월 · 1월 · 2월이 많았고 7월이 가장 적었다.

무 요리의 경우 봄철과 여름철에는 무생채와 깍두기, 가을철에는 무생채와 깍두기 · 무조림, 겨울철에는 동치미와 무국의 선호도가 높다. 수박은 여름철에 소비가 많다. 서울시농수산식품공사에 따르면 가락시장의 수박 반입량은 6~7월에 높게 나타나고, 월별 가격은 대체로 겨울철과 봄철에 높게 형성되고 여름철과 가을철에 낮게 형성된다.[10]

파프리카는 구매 빈도수가 늘고 있다. 농촌진청의 조사 결과 파프리카는 5~7월에 구매 빈도가 가장 높고, 1~2월이 가장 낮다. 연간 파프리카 구매량 중 5~7월에 3분의 1이 집중돼 있다.

농진청의 연구 결과, 감자는 봄과 가을, 고구마는 가을에 기온과 구입액 간의 통계적인 상관관계를 보인다. 다시 말해 감자는 기온이 오르면 구입액이 증가하는 경향을 보이고, 고구마는 기온이 내려가면 구입액이 증가하는 경향을 보이는 것으로 분석됐다. 따라서 구매 유형별 기온에 따른 마케팅 전략이 필요하다.[11]

주요 과일 쇼핑의 월별 분포도 마찬가지다. 조재환(2014)의 연구 결과, 사과는 연중 구매하고 배와 감귤은 추석과 설날 등 명절 특수가

---

10 임인섭(2016), 『수박이 작아지고 있어요』, 농촌진흥청 2016 농식품 소비 트렌드 분석, p.262
11 심근섭(2014), 『빅데이터 기반 기온과 식품 구매 패턴 변화에 관한 연구』, 농촌진흥청 2014 농식품 소비 트렌드 발표회

표 7-2 **주요 과일의 월별 쇼핑 분포** (단위 %)

월	사과	배	감귤	오렌지
8월	8.0	3.7	1.0	0.5
9월	10.0	15.3	1.2	0.7
10월	12.0	13.0	13.1	0.6
11월	9.5	13.0	18.8	0.5
12월	8.4	9.4	24.4	2.0
1월	9.5	11.2	18.6	3.6
2월	7.9	10.8	10.5	11.6
3월	10.8	7.3	7.6	28.7
4월	9.7	7.0	2.5	30.1
5월	7.0	4.4	0.7	16.6
6월	4.0	3.1	0.9	4.5
7월	3.1	1.9	0.7	0.7

※ 출처 : 조재환(2014). 『도시가구 쇼핑형태가 과일 구입가격 및 수요에 미치는 영향』. 농촌진흥청 2014 농식품 소비 트렌드 발표회, p.36

많은 것으로 나타났다. 8월에서 다음해 2월까지 구입 비중이 사과는 65.3%이고, 배는 76.4%, 감귤은 87.6%로 분석됐다.[12]

추석과 설 등 명절 마케팅도 확대해나가야 한다. 추석은 가족·친지·이웃 간에 수확의 기쁨을 함께 나누며 소통과 화합을 다지는 우리 민족 최대의 명절이다. 이때 서로 마음을 전하고 소통의 매개 역할을 하는 것이 바로 선물이다. 추석 선물은 주는 사람의 정성과

12 조재환(2014). 『도시가구 쇼핑형태가 과일 구입가격 및 수요에 미치는 영향』. 농촌진흥청 2014 농식품 소비 트렌드 발표회

상대방에 대한 존경 · 고마움의 표시가 담겨 있다. 따라서 국내산 농축산물이 주는 사람과 받는 사람에게 모두 제격이다. 이 땅의 농민들이 정성으로 키워낸 농축산물로 감사의 마음을 전하고 차례상을 차리는 것이 조상에게 예의를 다하고 농민들의 어려움을 덜어주고 농촌에 활력을 불어넣어주는 일이다. 고향의 훈훈한 마음을 전해 선물하는 사람의 품격도 더욱 높여줄 것이다. 이것이 최근 소비 트렌드로 부상한 '가치 소비'를 실천하는 일이라는 것을 적극 홍보할 필요가 있다.

12. 농산물 제값 받기 길라잡이

농산물을 제값 받고 판매하려면 어떻게 출하해야 할까. 박현출 서울시농수산식품공사 사장은 농민신문 2018년 4월 4일자에 기고한 글에서 도매시장에서 농산물이 제값을 받으려면 산지에서 균일한 품질의 농산물을 안정적으로 공급할 수 있어야 한다는 점을 강조한다. 선별이 안 돼 있거나 소량씩 출하하는 경우에는 정상품의 절반도 못 받는 경우가 허다하기 때문이다.

소비자의 요구에도 적극 맞춰야 한다. 1~2인 가구가 늘어나고 외식을 하는 비중이 높아지고 있는 만큼 소비자의 요구에 적극 호응하는 것이 좋다.

도매시장으로 출하하는 농산물이 제값을 받으려면 도매시장의 가격결정 요인을 파악할 필요가 있다. 농협이 펴낸 '농산물 출하 매뉴얼 농산물 제값받기 길라잡이'에 따르면 도매시장가 결정 요인으로는 품질 차별화, 표준 규격화, 브랜드, 공판장과의 거래 지속 등이 있다.

먼저 품질 차별화는 등급 · 품종 등 품질 균일화, 속박이 · 중량미달 금지, 오래 유지되는 신선도, 고품질 농산물 등을 들 수 있다. 이를 품목별로 자세히 소개하면 다음과 같다.

● 사과 가운데 〈후지〉 〈홍로〉는 당도가 14브릭스(Brix) 이상으로, 착색비율이 〈후지〉는 60% 이상, 〈홍로〉는 70% 이상이며 윤기가 나고 껍질이 수축현상과 결점이 없는 것 등을 특등급으로 본다. 과피의 착색이 고르고 밝은 느낌을 주도록 선별해 출하하고, 선별 및 운송과정에서 사과가 긁히거나 눌리지 않도록 주의한다.

● 딸기는 품종 고유의 색깔이 선명하고 꼭지가 시들지 않고 싱싱하며, 표면에 윤기가 있고 착색불량 등 가벼운 결점이 5% 이하인 것 등을 특등급으로 본다. 딸기 제값 받기의 핵심은 당도 · 향 · 경도를 유지하는 것이다.

● 수박은 당도가 11브릭스 이상으로 색깔이 선명하고 윤기가 뛰어난 것, 품종 고유의 색깔이 뚜렷하고 성숙 정도가 적당하면서 결점과가 없는 것

등을 특등급으로 본다. 최고 당도를 유지하기 위해 품종별 · 정식시기별 숙기를 정확히 준수하는 것이 중요하다.

● 감귤은 노지 감귤의 경우 당도가 10브릭스 이상이고 산도는 1% 이하이면서 착색비율이 85% 이상, 과피는 수축현상이 나타나지 않고 중결점과가 없고 경결점과가 5% 이내인 것 등을 특등급으로 본다. 나무에서 85% 이상 숙성한 후 수확해 산도를 최소화하는 것이 중요하다.

● 포도는 〈캠벨〉의 경우 당도가 14브릭스 이상, 중량은 420g 이상으로 품종 고유의 색택을 유지하면서 낱알의 크기가 고른 것 등을 특등급으로 본다. 당도, 빛깔, 알의 크기를 유지하는 것이 중요하다.

● 복숭아는 〈천중백도〉의 경우 12브릭스 이상으로 무게가 다른 것이 섞이지 않고 품종 고유의 색택이 뛰어나면서 결점과가 없는 것 등을 특등급으로 본다. 복숭아는 당도로 인한 가격 등락폭이 큰 만큼 당도 측정을 통한 당도 선별이 중요하다.

● 배는 〈신고〉의 경우 당도 11브릭스 이상으로 품종 고유의 맑은 색이 뛰어나고 껍질 수축도가 일어나지 않은 것을 특등급으로 본다. 당도, 과형, 부드러운 육질이 중요하다. 출하 단계에서 표준규격에 맞는 중량 및 당도를 철저히 준수하는 것이 중요하다.

● 참외는 당도 11브릭스 이상으로 무게가 다른 것이 3% 이하이고, 꼭지가 시들지 않고 신선도가 뛰어나고 착색비율이 90% 이상인 것 등을

특등급으로 본다. 당도, 빛깔, 모양이 핵심이며 크기 및 과형으로 등급별 세분화에 철저를 기한다.

● 방울토마토는 무게가 20g~25g으로 품종 고유의 색택으로 착색정도가 뛰어나고 과피의 탄력이 뛰어난 것 등을 특등급으로 본다. 품질규격에 맞는 철저한 선별 유지와 소비자 기호에 맞는 당도 유지가 중요하다.

● 단감은 〈부유〉의 경우 당도가 13브릭스 이상, 착색비율이 80% 이상으로 숙도가 양호하고 균일하면서 중결점과가 없는 것 등을 특등급으로 본다. 단감 역시 제값 받기 핵심은 당도, 경도, 빛깔이다.

● 멜론은 당도가 13브릭스 이상으로 외관이 조밀하고 열과가 없으며, 과형이 원형으로 무게가 1250~2700g인 것 등을 특등급으로 본다. 비파괴 당도 선별 준수와 정확한 당도 표기로 신뢰감 형성 등이 중요하다.

● 자두는 당도 11브릭스 이상으로 무게가 다른 것이 5% 이하이고 착색비율이 40% 이상인 것 등을 특등급으로 본다. 선별 작업 시 최대한 과피의 분을 보존할 수 있도록 유의하고 저온저장 준수를 통한 상품성 보전에 철저를 기한다.

● 참다래는 무게가 다른 것이 3% 이하이고 털의 탈락이 없고 경결점과가 3% 이하인 것 등을 특등급으로 본다. 과형, 털의 보전상태,

흠과 등을 철저히 선별해 출하하는 것이 중요하다.

● 고추는 오이맛의 경우 개당 무게가 30g, 길이는 15~18cm이고 표피가 고유의 진녹색으로 꼭지가 신선하고 절단이 없는 것 등을 특등급으로 본다. 공동선별 시 기형 고추의 상품 혼입 방지를 위한 검수를 철저히 하고 꼭지 무름 현상이 발생하지 않도록 주의한다.

● 오이는 굵기가 일정하게 곧고 고유의 빛깔이 전체적으로 고르고 가시가 살아 있어 눈으로 봤을 때 싱싱해 보이면서 만졌을 때 단단한 것 등을 특등급으로 본다. 최고값이 나오는 농장을 찾아가 최고가격이 나오는 이유를 눈으로 직접 확인하는 것도 바람직하다.

● 양파는 지름이 9cm 이상, 무게가 230g 이상이며 망에 크기가 다른 것이 20% 이하이고, 원형 · 타원형 등 고유의 모양을 갖추고 손으로 감싸쥐었을 때 단단한 것 등을 특등급으로 본다. 선별과정에서 열구, 쌍구, 이형구가 없도록 주의한다.

● 주키니 호박은 품종 고유의 빛깔로 광택이 뛰어나고, 처음과 끝의 굵기가 거의 비슷하며 구부러진 정도가 2cm 이내이고 꼭지와 표피가 메마르지 않고 싱싱한 것 등을 특등급으로 본다. 애호박은 굵기가 일정하고 구부러진 것이 없고, 꼭지와 표피가 메마르지 않고 길고 굵은 것 등을 특등급으로 본다. 주키니 호박과 애호박 모두 박스를 뜯었을 때 윗부분과 밑부분이 비슷하게 선별돼 있는 것이 중요하다.

● 감자는 무게가 다른 것이 10% 이하이고, 이물질 제거 정도가 뛰어나고 가벼운 결점과가 5% 이하인 것 등을 특등급으로 본다. 크기 구분표를 활용한 크기 선별이 중요하다.

● 고구마는 무게가 다른 것이 10% 이하이고, 흙 · 줄기 등 이물질 제거 정도가 뛰어나고 표면이 적당히 건조되고 경결점이 5% 이하인 것 등을 특등급으로 본다. 색택, 모양, 맛, 저장성이 높은 고구마가 높은 가격을 받는다.

● 마늘은 품종 고유의 모양이 뛰어나며 마늘쪽이 충실하고 고른 것과 경결점구가 5% 이하인 것 등을 특등급으로 본다. 마늘쪽이 충실하고 고른지, 뿌리 및 표피가 깨끗한지를 확인한다.

● 파프리카는 색깔이 선명하고 꼭지가 싱싱하면서 표피가 두껍고 광택이 나며 표면이 단단한 것 등을 특등급으로 본다. 파프리카는 재배환경이 중요한 만큼 적정 온도, 일조량 등 환경요인을 점검한다.

● 대파는 일정한 크기로 선별돼 있으면서 1단당 1.2~1.5kg을 유지하고, 전체적으로 채가 길고 하단부 비율이 높은 것 등을 특등급으로 본다. 일정한 굵기와 길이로 선별하고 단당 일정한 무게를 유지한다.

● 새송이버섯은 무게가 다른 것이 10% 이하이고, 육질이 부드럽고 단단하며 탄력 및 고유의 향기가 뛰어난 것 등을 특등급으로 본다. 전체적으로 크기가 고르고 톱밥이 적은 것을 선호한다.

● 상추는 크기가 성인 남성의 손바닥 크기 정도로 엽면 색택이 뚜렷하게 발현돼 있고, 시들지 않고 꼭지 끝이 투명한 것 등을 특등급으로 본다. 작업 전후 최대한 수분을 억제해 유통과정에서 짓무름을 예방하고 최대한 잎의 크기가 일정하도록 선별하는 것이 중요하다.

● 무는 무게가 다른 것의 혼입이 10% 이하이고, 껍질이 매끄럽고 잔뿌리가 적고 뿌리가 시들지 않고 싱싱하며 청결한 것 등을 특등급으로 본다. 박스 상단과 하단이 상품성이 다른 것을 방지하고, 운송 시 상품이 훼손되지 않도록 신문지 작업 등 대비책을 마련하는 것이 필요하다.

● 배추는 크기 구분표상 무게가 다른 것이 섞이지 않고, 양손으로 만져 단단한 정도가 뛰어나고 껍질이 매끄러우며 잔뿌리가 적고 뿌리가 시들지 않아 싱싱하고 청결한 것 등을 특등급으로 본다. 일정한 패턴으로 고르게 적재하고, 여름철에는 배추 자체의 열에 의한 짓무름을 막을 수 있도록 수분흡수를 위한 신문지 작업을 한다.

● 표고버섯은 무게가 다른 것이 10% 이하이고 크기 구분표상 〈대〉 이상이며, 육질이 부드럽고 단단하면서 탄력 및 고유의 향기가 뛰어난 것 등을 특등급으로 본다. 갓 크기가 엄지와 검지 사이에다 손가락 두 개를 더한 크기인 것, 수분함량이 적은 것이 선호된다. 수분함량을 줄이기 위해 신문지 등에 싸서 출하하는 것이 좋다.

● 부추는 채의 길이가 30~40cm로 색택이 뛰어나고, 결점과가 없고

품종 고유의 모양을 갖추고 표피가 메마르지 않고 싱싱한 것 등을 특등급으로 본다. 부추는 열이 많기 때문에 짓무르지 않도록 중간 신문지 작업을 잘 해야 한다.

- 느타리버섯은 크기가 다른 것이 20% 이하이고, 품종 고유의 형태와 색깔로 윤기가 있고 신선하고 탄력이 있으며, 갈변현상이 없고 고유의 향기가 뛰어난 것 등을 특등급으로 본다. 색택, 갓 균열 외관, 기형과 혼입 정도를 가장 먼저 확인해 선별에 주의한다.

- 당근은 크기 구분표상 무게가 다른 것이 10% 이하이고, 품종 고유의 색택이 뛰어나고 무게가 200g 이상 250g 미만이면서 표면이 매끈하고 꼬리 부위의 비대가 양호한 것 등을 특등급으로 본다. 선별을 철저히 해야 한다.

- 깻잎은 일정한 크기로 선별돼 있으면서 품종 고유의 색을 유지하고 검은 반점이나 수침이 없는 것 등을 특등급으로 본다. 일정한 크기의 선별이 제값 받기에 중요하다.

- 가지는 품종 고유의 흑자색을 띠면서 광택이 뛰어나고, 처음과 끝의 굵기가 비슷하며 구부러진 정도가 2cm 이내이면서 표면에 주름이 없고 싱싱하며 탄력이 있는 것 등을 특등급으로 본다. 광택이 좋고 굽은 것이 없으며 크기가 일정한 것이 좋다.

- 시금치는 중량, 크기, 길이 등의 혼입이 5% 이내이고 경결점 개비수가

전체의 5% 이내이면서 병충해가 없고 표피 고유의 색택을 띠며 신선한 것 등을 특등급으로 본다. 채 길이가 일정한 것이 좋으며, 뿌리는 0.5cm 정도 남기고 절단하는 것이 중요하다.

● 팽이버섯은 갓이 펴지지 않고 우윳빛이 도는 순백색을 띠며, 갓 형태는 우산형으로 수분이 적고 미끈거림이 없는 것 등을 특등급으로 본다. 작업 시 갓의 크기가 다른 등급품이 혼입되지 않도록 선별작업을 철저히 한다.

● 홍고추는 평균 길이에서 2cm를 초과하지 않고 곡과 및 무름과가 혼입되지 않으며, 품종 고유의 색깔이 선명하고 윤기가 뛰어나면서 꼭지가 시들지 않고 탄력이 뛰어난 것 등을 특등급으로 본다. 꼭지가 신선하지 않은 상품이 혼입되지 않도록 주의한다.

● 양배추는 무게가 〈L〉 이상이면서 잎이 시들지 않고 싱싱하고 청결하며, 양손으로 만져 단단한 정도가 뛰어나고 뿌리를 깨끗하게 자른 것 등을 특등급으로 본다. 크기가 같은 것끼리 선별하고 소비자들이 선호하는 품위를 확인하는 것이 필요하다.

● 쪽파는 종구부분에서 줄기가 여러 갈래로 나뉘지 않고, 잎의 굵기와 길이가 일정하고 잎 끝부분이 시들거나 마른 것 없이 진한 녹색으로 부드럽고 탄력 있는 것 등을 특등급으로 본다. 뿌리 흙을 잘 제거하고 마른 잎 제거도 깔끔하게 하는 것이 필요하다.

● 생강은 무게가 다른 것이 10% 이하이고, 표면에 물기가 없고 발의 개수가 적고 굵으며, 고유의 매운 맛과 향기가 나며 신선도가 뛰어난 것 등을 특등급으로 본다. 이물질 제거를 철저히 하고 수분마름을 최대한 방지한다.

● 양송이버섯은 갓의 지름이 5cm 이상이고 육질이 두껍고 단단하며, 색택이 우수하면서 버섯 갓이 펴지지 않고 탄력 있는 것 등을 특등급으로 본다. 온도와 습도에 민감하기 때문에 저온차량 운송으로 부패를 방지한다.

● 브로콜리는 무게가 다른 것이 섞이지 않고 양손으로 만져 단단한 정도가 뛰어난 것을 특등급으로 본다. 적절한 예냉을 해 변색 등 상품성 저하를 방지한다.

● 미나리는 줄기가 굵고 마디사이가 길며 마디에 뿌리가 없고 신선도와 향미가 뛰어난 것 등을 특등급으로 본다. 시든 잎과 잔뿌리를 잘 제거하고 크기와 굵기가 같은 것끼리 가지런히 묶고 깨끗하게 세척하는 것이 중요하다.

● 달래는 품종 고유의 색택이 뛰어나고 표피가 메마르지 않고 싱싱한 것 등을 특등급으로 본다. 길이는 20~25cm, 잎의 너비는 3~8mm, 색상은 진녹색이 선호하는 상품인 만큼 여기에 맞춰 선별하는 것이 중요하다.

● 취나물은 잎이 밝은 연녹색으로 품종 고유의 모양을 유지하면서 노화된 것이 없고 잎 표면이 뻣뻣하지 않고 연한 것 등을 특등급으로 본다. 잎과 줄기가 질기지 않고 부드러울 때 작업하는 것이 필요하다. 도라지는 길이가 25cm 이상이고 뿌리 지름이 2cm 이상 되는 굵은 것, 잔뿌리가 거의 없고 이물질이 잘 제거된 것 등을 특등급으로 본다. 식용과 약용 등 용도에 맞게 선별하고 잔뿌리가 없도록 작업하는 것이 중요하다.[13)]

13 농협중앙회(2016), 『농산물 출하 매뉴얼 농산물 제값 받기 길라잡이』, p.14~158

돈이 보이는
농식품 소비 트렌드

제8장

농식품 소비 창출 전략 2 – 하드웨어 중심

1. 온라인쇼핑 확산에 대응하자
2. TV홈쇼핑을 이용하자
3. 쿡방을 활용하자
4. 로컬푸드 직매장으로 가자
5. 편의점과 연계를 강화하자
6. 종자와 연결하자
7. 4차 산업혁명 연계한 농식품산업 육성
8. 만물의 근원 흙과 연계하자
9. 농식품 수출 확대
10. 쌀 소비를 늘리자
11. 과일간식 지원사업을 확대하자
12. 지역특화작목을 육성하자

농식품 소비 창출 전략 2 –하드웨어 중심

1. 온라인쇼핑 확산에 대응하자

급속도로 발전하는 정보통신기술(ICT)과 간편화를 추구하는 소비자들의 성향이 결합해 온라인쇼핑이 확대되고 있다.

농식품 역시 온라인을 통한 거래가 증가하고 있으며, 우리나라도 온라인 농식품 시장의 성장률이 가파르다. 2001~2016년 온라인 농식품 시장의 연평균 성장률은 29%에 달한다.

이에 따라 농식품 유통의 무게중심이 대형마트 등 오프라인에서 모바일로 빠르게 이동하고 있다. 스마트폰 등 정보통신기술의 발달과 신속 배달이 융합하면서 모바일 등 온라인을 통해 판매되는 농식품 매출이 지속 증가하고 있다.

공산품을 포함한 전체 유통업계의 무게중심은 이미 온라인

쏠림현상이 뚜렷하다. 산업통상자원부가 2017년 상반기 주요 유통업체의 매출이 전년 동기에 비해 오프라인은 소폭(2.9%) 늘었지만 온라인은 대폭(13.1%) 증가했다고 밝힌 데서도 알 수 있다.

농식품도 온라인 매출이 지속 성장하고 있다. 통계청에 따르면 농축수산물과 음식료품의 온라인쇼핑 거래액은 2014년 4조 7818억원에서 2015년 6조 6770억원, 2016년 8조 7985억원, 2017년 11조 7892억원으로 증가속도가 빨라지고 있다.

모바일쇼핑 거래액의 증가속도는 더욱 가파르다. 농축수산물과 음식료품의 모바일쇼핑 거래액은 2016년 5조 5324억원에서 2017년은 8조 5401억원으로 54.4%나 급증했다.

농식품도 온라인 거래가 증가하고 있다. 사진은 농협 온라인쇼핑몰.

농식품은 공산품에 비해 표준화 체계가 미비하고 저장기간이 짧은 데다 반품처리가 어려움에도 불구하고 오프라인에 비해 저렴한 가격과 빠른 배송체계 등에 따라 늘고 있다는 것이 전문가들의 분석이다.

특히 온라인 푸드마켓이 배송과 편리함을 무기로 내세워 지속 성장

중이다. 온라인 푸드마켓에서는 소비자들이 간편하게 조리할 수 있게 소포장된 신선식품을 새벽에 배송하거나 바로 섭취할 수 있게 조리된 간편식 배송 서비스를 제공한다. 이런 특징 때문에 온라인 푸드마켓에 대한 소비자들의 인식은 배달 음식보다는 집밥에 가까운 음식으로 인식하는 경향을 보이고 있으며, 이에 따라 시장이 확대되고 있다.[1)]

그렇다면 온라인 농식품 시장의 소비자는 누구일까. 농촌진흥청의 도시가구 가계부 분석 결과, 온라인 농식품 시장의 소비자는 40대 이하의 젊고 아이가 있는 3인 가구로 월소득 400만원 수준의 사람들이다. 이들은 주로 쌀 등 무거운 곡류와 보존성이 높은 가공식품 및 가공용 분유와 치즈 등을 구매한다. 눈에 띄는 것은 인삼이다. 인삼은 구입처별 구입액 비중이 2010년에는 인터넷 구매가 5순위였으나 차차 상승해 2015년은 1순위로 올라선 것으로 농촌진흥청 조사 결과 나타났다.

가구소득이 높을수록, 가구주의 연령이 낮을수록, 교육수준이 높을수록 온라인으로 농식품을 구입하는 가구는 더욱 빠르게 늘고 있다. 한국농촌경제연구원의 2017년도 식품소비행태 조사 결과, 1년 전에 비해 온라인을 이용해 식품을 구입하는 비중이 '증가했다'고 응답한 가구가 37.3%로, '감소했다'고 응답한 가구 4.5%에 비해 훨씬

1 배진철 · 김성용(2018), 『빅데이터로 본 농식품 소비 트렌드』, 농촌진흥청

높았다.[2]

소비자들은 배달의 편의성을 온라인 쇼핑 이용의 가장 큰 이유로 꼽았다. 한국농촌경제연구원이 2017년 식품 소비행태 조사에서 '온라인을 이용해 식품을 구매한다'라고 답한 가구를 대상으로 그 이유를 물어본 결과 '배달해주므로'가 25.9%로 가장 많았고, '가격이 저렴하니까'가 23.7%, '품질이 좋아서'가 20.3%로 나타났다. 연도별로 눈이 띄게 변화하는 항목은 '품질'이다. '가격이 저렴하니까'를 꼽은 비중은 여전히 높기는 하나 해가 갈수록 응답 비중이 서서히 줄어드는 것으로 나타났다. 반면 '품질이 좋아서'라고 응답한 비중은 늘고 있다.

온라인으로 구입한 식료품의 품질에 대한 만족도도 높아지고 있다. 한국농촌경제연구원의 같은 조사에서, 온라인 식품의 품질 만족도('만족'과 '매우 만족' 포함)는 2014년 56.6%, 2016년 75.7%, 2017년 72.3%로 나타났다. 또 온라인 식품 가격만족도는 2014년 63.5%, 2016년 72.9%, 2017년 75.1%로 나타났다. 이는 온라인으로 식품을 구매하는 데 있어서 품질에 대한 우려가 줄어들고 있으며, 동시에 품질이 좋아서 온라인으로 구매한다는 응답자가 늘어나는 것과 맥락을 같이한다고 볼 수 있다.[3] 따라서 농식품도 이제는 모바일 유통시대에 적극적으로 대비해야 한다.

2 이계임 외(2017), 『2017 식품소비행태조사 기초분석 보고서』, 한국농촌경제연구원, p.81
3 진현정(2017), 『모바일과 인터넷 사용 소비자 특성 및 식품구매행태 분석』, 한국농촌경제연구원

온라인(모바일)쇼핑몰에서는 상품의 정보 · 구성 · 가격 등이 구매의 중요 요인이 된다. 특히 농식품 브랜드 스토리 등 객관적이고 전문성이 포함된 가치를 제공하면 소비자의 만족도가 높아지고 구매행위로 이어지게 되는 만큼 경제성, 접근성, 정보의 유용성 등을 높여야 한다. 온라인 거래를 위한 농산물 출하전략을 수립할 때도 배송 중 농식품 감모 최소화 등과 같은 방안을 함께 모색할 필요가 있다.

여기에 소비자들이 쉽게 접근할 수 있는 온라인 채널을 선택해 판매 농식품의 정직한 가격을 투명하게 공개하고, 소비자들과 신속한 커뮤니케이션을 할 수 있도록 하는 체계적인 관리가 중요하다.

정부는 좋은 상품을 갖고도 판로가 부족한 농가들의 온라인시장 진입 지원을 확대하는 동시에 온라인상의 농식품 부정유통 방지 등을 통해 소비자 신뢰 제고와 농가소득 증대에 기여하기를 바란다.

이를 위해 판매역량이 있는 농가를 발굴해 농가별 정보를 데이터베이스(DB)화 하고 이를 온라인 유통업체에 제공하는 것을 확대하는 동시에, 중소농가 등의 농산물 온라인유통 지원을 위한 '스마트 스튜디오'도 활성해나가야 할 것이다. 스마트 스튜디오는 생산제품 사진 촬영과 스토리텔링 동영상 제작 및 마케팅 · 홍보 등을 지원하는 것이다.

2. TV홈쇼핑을 이용하자

TV홈쇼핑은 1995년 첫 방송을 시작했다. TV홈쇼핑은 유통업과 방송 및 통신이 융합된 하이브리드형 산업이라 할 수 있다. 이런 TV홈쇼핑의 2013년 매출액은 4조 5000억원으로 꾸준한 성장세를 보이면서 영업 이익률도 15%를 기록하는 등 안정적인 수익을 내고 있다.

TV홈쇼핑은 판매와 홍보를 겸할 수 있어 농어민들과 지역 농협 · 축협에는 매우 효율적인 판매채널이다. 광역성과 동시성의 방송 특성상 상품 판매뿐만 아니라 대중에게 상품을 소개하고 인지도를 높이는 광고 측면에서도 우수한 수단이기 때문이다. 하지만 과도한 유통비용이 영세하고 영업력이 취약한 농어민과 중소기업에게는 TV홈쇼핑 입점에 구조적 한계로 작용해 왔다.

이런 상황에서 농축수산물과 중소기업 제품이 접근할 수 있도록 진입장벽을 낮추기 위해 지난 2015년 '공영홈쇼핑'이 개국했다. 제7의 TV홈쇼핑인 공영홈쇼핑은 공영성 확보를 위해 출자자를 공공기관, 공익 목적을 위해 특별법에 의해 설립된 법인, 비영리법인으로 제한했다. 이에 따라 중소기업유통센터(50%), 농협경제지주(45%), 수협(5%)이 출자했다.

농협은 공영홈쇼핑을 통한 농축산물 판매를 확대하기 위해 옴니채널(omni-channel)[4]을 구축했다. 공영홈쇼핑 개국에 맞춰 TV · 인터넷 · 모바일 · 유통센터 · 하나로마트 등 온 · 오프라인 판매채널과 배송시스템을 연계한 신유통채널 구축이 그것이다.

공영홈쇼핑은 2018년 출범 3년째를 맞으면서 농축산물의 주요 판로처 중 하나로 자리매김하고 있다. 공영홈쇼핑에 따르면 2015년 7월 개국 이후 가공품을 포함한 농축산물 누적 취급액은 2018년 7월 말 기준 3400억원에 달했다. 2017년 농축산물 연간 취급(판매)액이 1000억원을 넘어선 데 이어 2018년은 1500억원을 바라보고 있는 것이다.

판매 상품수도 꾸준히 증가 추세다. 2015년 218개에 그쳤던 농축산물 판매 상품은 2016년 331개로 급증한 데 이어 2017년은 383개로 늘었다. 정부나 지방자치단체 등과 손잡고 TV홈쇼핑 판매 경험이 많지 않은 지역의 우수기업을 발굴한 결과라는 평가다. 지역의 우수상품을 발굴하기 위해 지자체나 지역기관 등과 공조하며 권역별 상품기획자(MD) 전담제를 도입한 것이 이를 방증한다. 농축산물 판매가 늘면서 취급액이 100억원을 돌파한 상품도 나왔다. 고추와 자두 등은 공급 과잉 시에 공영홈쇼핑을 통한 판촉전을 개최해 수급불안 완화에 기여하기도 했다.

특히 공영홈쇼핑은 수수료를 TV홈쇼핑 업계 최저 수준으로 책정해 매출 증가가 농가나 판매업자에게 돌아갈 수 있도록 돕고 있다.

4 옴니채널은 기업의 모든 온 · 오프라인 유통채널을 유기적으로 연계해 소비자들이 어떤 채널을 이용하든 마치 같은 매장에서 쇼핑하는 것과 같은 느낌을 제공하는 채널 전략이다.

농축산물의 주요 판로처로 자리잡고 있는 공영홈쇼핑 방송 장면 (사진 농민신문)

2018년 4월 평균 수수료율을 업계 최저인 20%로 낮춘 것이다. 그래서 TV홈쇼핑 업계 전체의 판매수수료를 낮추는 역할도 톡톡히 수행하고 있다는 평가도 나온다. 마케팅이나 홍보 등에 쓸 수 있는 비용이 제한적이어서 판로를 찾기가 어려운 중소 농식품업계의 판로 확대에도 큰 도움을 주고 있다.

이처럼 TV홈쇼핑은 판매와 홍보를 겸할 수 있어 농어민들과 지역 농·축협에도 효율적인 판매채널인 만큼 농축산물 판로 확대에 적극 활용하는 전략이 요구된다. TV홈쇼핑에서 인기를 끄는 농축산물은 제철 햇상품이거나 스토리가 있는 브랜드라는 것에 착안해 마케팅을 할 필요가 있다.[5]

5 농민신문 2018년 8월 27일자 보도 내용

공영홈쇼핑 등 TV홈쇼핑이 농축산물 개방 확대로 어려워진 농어민들의 성공 동반자가 되어주기 바란다. 이를 위해 홈쇼핑의 프라임 방송시간대에 농식품 편성 비율을 높이도록 하는 것도 과제다. 양동선(2016)은 홈쇼핑채널에서 농식품 거래의 성공적인 정착조건으로 출하조직 규모화 · 조직화로 농식품 경쟁력을 높이고, 농식품에 대한 관심이 기대되는 특정 시간대에 농식품을 집중적으로 소개하는 등 방송시간대를 블록화하고, 지자체를 활용한 농식품 거래를 활성화할 것 등을 제시했다.[6]

3. 쿡방을 활용하자

최근 TV에서 쿡방이 인기를 끌고 있다. 지상파 · 케이블 방송으로 확산된 쿡방은 출연자들이 직접 요리하고 조리법을 공개하는 방송을 말한다. 이러한 쿡방으로는 〈냉장고를 부탁해〉 〈집밥 백선생〉 〈수요미식회〉 〈백종원의 3대천왕〉 〈수미네 반찬〉 등 다양하다. 쿡방은 음식의 재료인 농산물에 대한 관심을 높이면서 현대인들이 등한시했던 국내 농업문제까지 다시 생각하게 만든다는 것이 관련 전문가들의

6 양동선(2016), 『온라인&무점포 쇼핑채널을 통한 농식품 거래 활성화 방안 연구』, 한국농식품유통학회

설명이다.

따라서 이러한 쿡방을 우리 농축산물 소비촉진에 활용하는 방안이 필요하다. 한우자조금관리위원회는 2016년 추석을 전후해 〈셰프와 함께하는 불고기 팔도기행〉 다큐멘터리를 제작해 한우소비를 확대하기도 했다.[7]

4. 로컬푸드 직매장으로 가자

로컬푸드는 중소농의 판로확보와 유통비용 절감을 위한 대안적 유통경로로 각광을 받고 있다.

로컬푸드(Local Food)는 장거리 수송을 거치지 않은, 대략 반경 50km 이내 지역에서 생산된 농산물을 말한다. 로컬푸드 운동은 환경을 살리고 건강을 지키기 위해 지역에서 생산한 농산물을 그 지역에서 소비하자는 직거래 유통으로, 유통비용이 줄어들어 생산자와 소비자가 모두 이익을 볼 뿐만 아니라 신선한 농산물 안심하고 사 먹을 수 있는 효과가 있다. 특히 다품목 소량 생산으로 판로확보가 어려운 영세 고령농가에게 새로운 판매기회를 제공해 농가소득 향상은 물론

7 농민신문 2016년 1월 15일자, 쿡방 관련 보도 내용

생산자와 소비자 모두에게 각광받으며 성장 중인 로컬푸드 직매장 (사진 농민신문)

지역경제 활성화에도 기여하고 있다.[8)]

로컬푸드 운동이 가져올 효과는 다양하다. 첫째, 먹거리의 지역 내 자급과 순환을 촉진한다. 둘째, 안전한 고품질 농산물을 정당한 가격을 받고 공급하는 것을 가능하게 한다. 셋째, 고용 창출과 지역자원 활용을 촉진한다. 넷째, 식교육과 인간교육을 촉진한다. 다섯째, 인간성을 회복하고 건강을 증진하는 수단이 된다. 여섯째, 식문화와 지역문화의 복원이 가능해진다.[9)]

김동환 · 주신애(2017)의 '농협 로컬푸드 직매장의 지속가능한 발전방안 수립 연구'에 따르면 농협 로컬푸드 직매장에 출하하는

8 김동환 · 주신애(2017), 『농협 로컬푸드 직매장의 지속가능한 발전방안 수립 연구』
9 윤병선(2013), 『농업과 먹거리의 정치경제학』, 울력

표 8-1 농협 로컬푸드 직매장 지역별 현황 (2017년 10월 기준)

구분	경기	강원	충북	충남	전북	전남	경북	경남	인천	대구	광주	울산	부산	제주	계
매장 수	16	11	7	20	18	14	5	15	2	3	4	6	1	1	123

※ 출처 : 농협경제지주 농산물판매부, 김동환 · 주신애(2017), 『농협 로컬푸드 직매장의 지속가능한 발전방안 수립연구』 p.29에서 재인용

농민의 44.4%가 재배면적 0.5ha 미만의 소농인 것으로 나타났다. 이어 0.5ha~1.0ha가 27.9%를 차지했다. 농협 로컬푸드 직매장을 이용하는 출하자들은 출하가격을 직접 결정하는 경우가 대부분이다.[10)]

농협경제연구소의 조사 결과, 로컬푸드 직매장은 이미 인근 소비자들이 자주 이용하는 유통채널 중의 하나로 잡은 것으로 나타났다. 농협 로컬푸드 직매장을 이용하는 소비자들은 월평균 9.2회 직매장을 방문하고 있고, 1회 방문 시 평균 2만 9397원을 지출하는 것으로 조사됐다.[11)]

로컬푸드 직매장은 지속적으로 증가하고 있다. 농림축산식품부에 따르면 로컬푸드 직매장은 2013년에는 32개소에 317억원이었지만 2017년은 148개소에 2560억원으로 증가했다.

농림축산식품부는 대도시 소비자를 위해 특별시와 광역시에 '대도시형 직매장'과 '1도 1대표브랜드 장터' 시범설치를 추진 중이다.

10 김동환 · 주신애(2017), 『농협 로컬푸드 직매장의 지속가능한 발전방안 수립 연구』, 신유통포커스 18-04호, p.48, 59
11 농협경제연구소(2014), 『농협로컬푸드직매장 발전방안 연구』

광역형 직매장은 직거래 혜택을 누리기 어려운 대도시 소비자를 위해 특 · 광역시 중심으로 운영되는 거점형 직매장이다.

로컬푸드 소비를 더욱 활성화해나가기 위해서는 직매장 확충은 물론 로컬푸드 페스티벌을 개최하는 등 홍보를 강화할 필요가 있다. 가정용 식재료 서비스의 확산과 관련된 대응도 빼놓을 수 없다.

5. 편의점과 연계를 강화하자

편의점이 저렴하게 한 끼를 해결하는 공간에서 식품소비 트렌드를 주도하는 공간으로 위상이 높아지고 있다. 소비 트렌드 변화를 살펴볼 수 있는 마케팅 최전선으로 신제품 시험 · 경쟁 무대가 된 것이다. 소비자들이 많이 찾는 상품에 따라 매대가 재배치되는 것을 살펴보면 최신 소비 트렌드를 파악할 수 있다.

편의점 도시락은 2016년 편의점 판매순위 1위를 기록할 정도로 열풍이었다.[12] 편의점 도시락은 한 끼를 간단하게 해결하기 위한 수단을 넘어서 맛있게 즐기는 먹거리로 점차 자리 잡아가고 있다.

편의점은 1인 가구 증가 등 소비구조 변화와 맞물려 앞으로 더욱

12 이계임 · 김상효 · 허성윤(2017), 『식품 소비구조 변화와 트렌드 전망』, 한국농촌경제연구원, p.124

성장할 것으로 전망된다. 따라서 농식품업계도 편의점에 적합한 농식품을 적극적으로 개발해 농산물의 새로운 판로를 확대해나가는 것이 필요하다. 편의점은 농업이 발전하는 데 필요한 요소들이 담겨 있는 유통망이다. 일반 상품은 물론 소포장 농산물도 판매하고 택배도 겸업하고 있다. 일본은 편의점이 고령층 환자를 위한 개호(介護 · 노인돌봄) 도시락 서비스도 담당하고 있다.[13]

6. 종자와 연결하자

고품질 종자는 농업생산성을 좌우하는 중요 요소다. 또 종자산업은 미래성장산업으로 발전할 가능성이 매우 높다. 세계 종자시장이 급성장하고 있는 데서도 이를 알 수 있다. 종자시장 규모는 2002년 247억달러에서 2012년엔 449억달러로 커졌다. 실제 방울토마토 종자 1g의 가격은 6만 7000원대로 금값보다 높다.

하지만 앞선 기술을 보유한 미국 · 네덜란드 · 프랑스 등이 압도적인 우위를 점하고 있는 데다 몬산토 등 상위 10개 글로벌기업이 세계시장의 70% 이상을 점유하는 등 편중현상도 심화되고 있다.

우리나라 종자산업은 세계시장의 1% 수준에 머물고 있다. 외환위기

13 농촌진흥청(2017), 『키워드로 본 2017 농산업 트렌드』, 인테러뱅 190호

때 주요 기업이 외국에 매각되는 어려움을 겪기도 했다. 또 유전자원을 보유하고 신품종 개발과 종자 품질관리 등 품종육성을 위한 경쟁력을 갖춘 전문업체가 많지 않다. 식량 · 채소 종자는 국내 개발 품종의 자급률이 높으나 과수 · 화훼는 외국 품종에 의존하고 있는 실정이다. 특히 양파 · 토마토 · 파프리카는 부가가치가 높고 세계시장이 큰 작물이지만 육종기반이 선진국에 비해 취약하다.

이에 따라 정부에서는 종자 자급률이 낮은 품목의 국산화율을 높여 안정적인 생산 환경을 조성하는 등 종자산업을 미래 성장 산업으로 육성하기 위한 정책을 추진하고 있다. 골든시드(Golden Seed) 프로젝트는 종자강국 도약 및 품종개발 구축을 위해 농림축산식품부 · 해양수산부 · 농촌진흥청 · 산림청이 공동기획해 추진 중인 전략적 종자 연구개발(R&D)이다. 현재 전북 김제에 민간육종연구단지(Seed Valley)를 조성해 산업기반을 확충하고, 로열티대응사업단을 운영해 장미 등의 품종자급률을 높여가고 있다. 로열티대응사업단은 2006년 이후 8년간 423개 품종을 개발 · 보급해 311억원의 농업인 로열티 부담을 경감한 것으로 분석되고 있다.

종축개량도 활발하다. 한우는 1980년대 들어 육용(肉用)을 목적으로 본격 개량에 나선 결과 체중과 품질이 높아지는 등 명우(名牛)로 육성되고 있다. 또한 우수 씨수소 정액을 보급해 연간 수천억원이 경제적 효과를 창출하고 있다. 거세한우의 육질 1등급 이상 출현율은 2002년 48.5%에서 2014년 84.0%로 증가하는 등 과학적으로 품질이 검증되고 있다. 세계시장 진출을 위한 고유품종을 만들기 위해 흑우·칡소 등 우리 재래종 유전자원을 발굴해 복원하는 노력도 이뤄지고 있다.

이 같은 성과를 토대로 한걸음 더 나아가 종자강국으로 가기 위해서는 다양한 전략이 필요하다. 우선 육종에 필요한 다양한 유전자원을 확보하고, 보유한 유전자원에 대한 특성평가를 확대해 활용도를 높여나가야 한다. 육종전문인력 양성의 확대도 빼놓을 수 없다.

이와 함께 시장지향적 전략이 요구된다. 시장경쟁력을 갖춘 종자, 수요자 요구에 부응하는 종자 등 강점을 살린 선택과 집중 방식의 품종개발 전략이 절실하다.

종자산업 육성을 위해 정부 관계부처 간 협력을 강화하고, 산학관연 등 국가적 역량을 결집해 세계 속의 종자강국이 될 수 있도록 지속적인

농촌진흥청이 개발한 과일 품종

노력이 필요하다. 특히 기후변화에 따른 재배적지 및 품종 변화, 식량부족 등에 대비하는 신품종 개발도 지속 추진해야 한다. 내재해성 종자 개발이 그것이다. 로열티 등 농가부담을 줄여주는 수입대체 품종 개발도 강화해나가야 한다. 종축강국으로 가기 위해서는 국산 종축 생산을 위한 연구기반을 강화하고, 축산농가들이 자발적으로 국가 개량사업에 참여할 수 있도록 정책적 지원 방안이 확대돼야 할 것이다.

농산물 판매촉진을 종자와 연결하는 전략도 필요하다. 배 품종의 경우 〈신고〉 이외에 〈황금배〉 〈원황〉 〈추황〉 〈화산〉 등의 품종에 대해 소비자 인지도를 높이기 위해서는 품종 특성을 홍보할 수 있는 차별화된 마케팅 전략 및 판촉 행사가 필요하다. 농촌진흥청에 따르면 배는 전국 재배면적의 80%가 〈신고〉로 편중돼 있다. 따라서 성목기가 지난 배 품종을 갱신할 경우 〈신화〉 등 조생종을 적극 도입할 필요가 있다. 〈신화〉는 이른 추석에 출하가 가능하고 당도가 높아 선물용 배로 적합하고 나무의 생육기간이 〈신고〉와 같아 기술적인 어려움이 적다는 것이 농진청의 설명이다.

딸기의 경우도 〈설향〉 〈죽향〉 등 품종과 지역을 결합해 차별화하는 전략이 필요하다. 포도의 경우도 2015년을 기준으로 〈캠벌얼리〉가 65.1%, 〈거봉〉 19.6%, 〈MBA〉 10.7% 순으로 나타난 만큼 이를 브랜드화와 연결시킬 필요가 있다.

벌꿀의 경우 소비자가 선호하는 순위는 '아카시아꿀>잡화꿀>밤꿀' 순으로 나타났다. 아카시아꿀은 향과 맛이 순해 먹기 좋고, 요리에 이용하기 좋아 구매율이 높은 것으로 분석된다.

토마토의 경우도 용도가 다양해짐에 따라 수요처에 맞는 품종 선택이 중요해졌다. 주스용 · 간식용 · 요리용 등에 따라 적합한 품종을 선택해야 한다.

종자를 브랜드로 연결시키는 전략도 요구된다. 브랜드는 앵글로 색슨(anglo-saxon)족이 자기 소유의 말을 식별하려고 불에 달군 인두로 자신의 이니셜을 말 엉덩이에 표시한 데서 유래했다고 한다. 그 당시 브랜드는 '식별'의 의미였지만, 근래 들어서는 '가치'에 더 큰 의미를 두고 있다.

오늘날 브랜드 개념은 기업이 소비자로 하여금 자사 상품을 식별하고 차별화하도록 하는 명칭 및 인식을 말한다.[14] 농산물 브랜드(agricultural product brand)는 라벨링의 한 형태로서 이름 · 상징 · 디자인을 통해 특정 농산물을 다른 경쟁자의 농산물과 차별화하는 수단으로 이용된다. 또 브랜드를 적절히 활용해 해당 농산물 생산자의 소득과 자산가치를 향상시킬 수 있다.

국내 최대 종자회사인 농우바이오는 다양한 품종을 출시해 판매 중이다. 〈미니찰 토마토〉는 대추형 미니토마토 품종으로 식미가 우수하고 당도가 높은 품종이고, 〈스피드 꿀수박〉은 육질이 치밀하고 당도가 높은 품종이라는 것이 회사 측의 설명이다.

14 김태욱(2007), 『똑똑한 홍보팀을 만드는 실전 홍보 세미나』, 커뮤니케이션북스

생산자 중심의 소품종 대량생산에서 소비자 중심의 다품종 소량생산으로의 전환도 필요하다.

7. 4차 산업혁명 연계한 농식품산업 육성

산업혁명은 진화하고 있다. 1차 산업혁명은 증기기관의 발명으로 생산과정이 기계화되면서 농업의 산업화와 인간의 정주화를 이루게 한 혁명이었다. 2차 산업혁명은 전기에너지 발명으로 공업의 산업화와 대량생산체계를 가져왔다. 3차 산업혁명은 정보통신기술(ICT)을 통한 디지털화와 정보혁명, 인간의 두뇌노동을 대체하는 혁명이다.

4차 산업혁명은 인공지능(AI), 사물인터넷(IoT), 빅데이터(Big data), 모바일 등 첨단 정보통신기술이 경제 · 사회 전반에 융합돼 혁신적인 변화가 나타나는 혁명이다. 그래서 4차 산업혁명의 범위는 물리적 기술, 디지털 기술, 생물학 기술까지 포함한다. 이에 따라 빅데이터 등 4차 산업혁명 관련 기술 활용이 농식품산업의 신성장 동력으로 대두되고 있다.

우리 농업에도 4차 산업혁명 기술이 접목되면서 많은 변화가 예상된다. 이 가운데 스마트팜은 세계적 수준인 정보통신기술(ICT)을 4차 산업혁명 기술과 융합해 농업에 접목한 미래 대응형 농업 시스템이다. 농촌진흥청은 한국형 스마트팜 모델 개발을 위해

1세대(편리성 증진)에 이어 2세대(생산성 향상) · 3세대(글로벌 산업화) 기술의 단계적 개발과 실용화를 추진해가고 있다.

유통 부문에서는 농산물의 수급 안정화 및 소비자 신뢰도 제고를 위한 품질 · 안전 등 유통 전반의 데이터를 실시간 공유 · 활용하는 스마트 유통체계를 활용할 수 있다. 사물인터넷은 농산물의 저장상태, 저장량, 운송차량 위치 등을 실시간으로 확인하는 데 활용할 수 있다. 산지에 있는 농산물을 소비지에 있는 경매사가 화상으로 보고 경매를 하는 '이미지 경매'에도 활용할 수 있다.

하지만 현행 법률에는 정보통신기술 융복합 농식품산업을 육성하기 위한 지원이 없는 실정이다. 따라서 '농업 · 농촌 및 식품산업 기본법' 개정을 통해 스마트팜, 정밀농업, 정보통신기술 기반 식품산업 등을 육성하고 지원할 수 있도록 법적 · 정책적 기반을 마련할 필요가 있다. 스마트농업 전문가도 육성할 필요가 있다. 스마트농업 전문가는 스마트팜의 생산 효율성을 높이기 위해 ICT와 농업에 대한 이해를 바탕으로 빅데이터를 수집하고 분석해 그 결과를 SNS 마케팅에 활용할 수 있는 전문가이다.

농식품 산업의 지속적인 육성을 위해서는 미래 변화를 예측하고 4차 산업혁명 기술과 농식품 분야의 현안을 창의적이고 유기적으로 연결해나갈 필요가 있다.

8. 만물의 근원 흙과 연계하자

'흙의 날'을 법정기념일로 정하는 내용의 '친환경농어업 육성 및 유기식품 등의 관리 · 지원에 관한 법률 개정안'이 2015년에 국회를 통과했다.

이 법은 농업의 근간이 되는 흙의 소중함을 국민에게 알리기 위해 3월 11일을 '흙의 날'로 정하고, 국가와 지자체는 이에 적합한 행사 등 사업을 하도록 근거를 신설했다.

흙의 중요성은 동서고금 문헌 곳곳에 나타난다. 〈동의보감(東醫寶鑑)〉은 흙을 '만물의 어머니'라며 복룡간(伏龍肝) 등 여러 종류의 흙이 치료에 쓰이는 사례를 기록해놓았다. 또 연암 박지원이 지은 〈과농소초(課農小抄)〉라는 농서에는 1척(尺) 깊이의 흙을 파서 맛을 봤을 때 단맛이 나면 상토(上土), 짜면 하토(下土)라고 했다.

노벨화학상 수상자인 스몰리도 인류에게 닥칠 다섯 가지 문제로 '에너지 · 물 · 식량 · 환경 · 빈곤'을 들며, 이 모든 것이 흙에 기반을 두고 있기 때문에 문제 해결을 위해 흙의 관리가 중요하다고 했다.

이렇듯 흙처럼 무궁무진한 가치를 지닌 물질도 드물다. 흙은 식량안보, 수자원 확보, 생물다양성 보전, 에너지 생산, 기후변화 대응 등과 밀접하다. 농촌진흥청이 우리나라 토양의 환경적 가치를 평가한 결과에서도 흙의 가치를 알 수 있다. 전국의 농경지가 한 해 동안 팔당댐 16개 용량의 물을 저장하고 지리산국립공원 171개만큼의 이산화탄소를 흡수하는 기능이 있다니 흙의 가치는 경이롭기까지 하다.

흙은 농경문화의 핵심일 정도로 정신적 가치도 상당하다. 농업인의 날을 11월 11일로 택한 배경도 흙 토(土)자를 풀어쓰면 열 십(十)자와 한 일(一)자가 되기 때문이다. 또 '인간은 흙에서 태어나 흙에 살다 흙으로 돌아간다'는 철학을 바탕으로 토월토일토시(土月土日土時)인 11월 11일 11시에 농업인의 날 기념식이 열린다. 법정기념일로 흙의 날을 3월 11일로 정한 것도 이와 관련이 깊다. 3은 하늘(天)·땅(地)·사람(人)의 3원, 농업·농촌·농민, 뿌리고·기르고·수확한다, 다산 정약용의 '편하게 농사짓는 것(便農)'·'농업에 이득이 있는 것(厚農)'·'농업의 지위를 높이는 것(上農)'이라는 3농정책 등 복합적 의미를 갖고 있기 때문이다.

이러한 흙이 도시화·산업화 등에 밀려 중요성이 제대로 인식되지 못한 적도 있었다. 그래서 농협은 흙의 가치를 전파하는 데 앞장서오고 있다. 농협은 1996년 흙살리기 운동을 선포했고, 흙의 중요성을 알리기 위해 2000년부터 '흙의 날' 기념식을 개최해오고 있다. 농촌진흥청도 '흙토람'이라는 토양환경정보시스템을 갖추고 흙 관리에 나섰고, 한국토양비료학회도 '흙 해설사'를 양성 중이다.

흙의 중요성은 국내를 넘어 세계적으로 확산되고 있다. 유엔(UN)은 2013년 정기총회에서 12월 5일을 '세계 흙(토양)의 날'로 제정하고, 2015년을 '세계 흙의 해'로 선언했다. 또 흙은 토양안보(Soil Security), 토지안보 등으로 외연을 확장하고 있다.

부적절한 흙 관리는 인류 문명에까지 영향을 준다는 점도 시사하는 바가 크다. 그래서 제20차 세계토양학대회에서 채택한 '제주토양선언문'은 흙은 우리 생명의 근원이고 인간의 건강에 영향을 주는 만큼 보호가 필요하다고 강조했다.

건강한 흙에서 건강한 농산물이 생산되고, 건강한 농산물은 국민건강에 이바지한다는 '흙 · 농산물 · 국민건강'의 삼각체계를 정립해 캠페인을 벌여나가면 우리 농산물 소비촉진에 기여할 수 있을 것이다. 인간은 흙에서 살다 흙으로 돌아간다.

9. 농식품 수출 확대

농림축산식품부에 따르면 2017년 농식품 수출액은 전년보다 5.6% 증가한 68억달러였다. 최대 수출시장인 일본이 2012년 이후 계속 감소했으나 2017년은 13.4%나 증가했다. 아세안 시장도 딸기 등의 수출 확대로 농식품 수출이 늘고 있다.

2017년에 일본으로는 토마토가 1100만달러가 수출돼 2016년보다 4.7%가 늘어난 것을 비롯해 파프리카(8920만달러), 김치(4560만달러) 등이 수출됐다. 중국으로는 인삼류와 유사차 등이 수출됐으나 이른바 '사드(THADD)' 여파로 수출액은 감소했다. 미국으로는 인삼류와 배, 소주 등이 수출됐다. 태국으로는 딸기 등이 수출됐다. 베트남으로는 배, 포도 등이 수출됐다.

농식품 수출에서 중국에 대한 관심이 더욱 필요하다. 중국은 세계 최대 식품시장이자 농식품 수입대국이다. 하지만 중국의 전체 농식품 수입에서 우리나라가 차지하는 비중은 아직 적다는 점에서 그만큼 성장 가능성이 크다.

따라서 중국의 대내외적 환경 변화에 적극 대응하는 수출전략이 요구된다. 중국 소비자들의 트렌드 변화를 파악해 이에 대응한 맞춤형 유망상품을 발굴하고, 새로운 유통채널로 성장 중인 온라인 · 모바일 진출도 활성화해나가야 한다. 역할 분담을 통해 민간이 주도적으로 농식품 수출 분야의 새로운 비즈니스 모델을 발굴하고, 정부가 이와 연계해 맞춤형 지원을 하는 특화마케팅도 필요하다.

인구구조 및 소비패턴 변화에 맞춰 간편식 · 편의식품 · 냉동식품 · 영유아식 · 건강보조식품 등을 집중적으로 육성하고, 제품개발 단계부터 현지 소비 트렌드에 최적화된 상품을 발굴할 수 있도록 지원해 효과를 내야 할 것이다.

농식품 수출시장 다변화도 지속적으로 추진해나가야 한다. 수출 효과가 농가에 직접 돌아가도록 신선농산물 수출을 늘리기 위한 치밀한 대책도 강구해야 한다. 국가 대표 수출상품 육성과 유망품목 발굴을 강화하고, 국가별 · 품목별 특성을 고려한 차별화된 맞춤형 수출을 확대해나가야 한다.

농식품 수출과 농가소득 증대의 연계도 강화해나가야 한다.

이를 위해 수출 확대가 농가소득 증대와 직결될 수 있는 새로운 수출 유망품목을 발굴 · 육성해나가야 한다. 이런 측면에서 aT(한국농수산식품유통공사)가 시행하고 있는 '미래클 K-FOOD 프로젝트'에 관심이 모아진다. 미래클 품목으로 선정되면 aT는 전문 무역상사의 무역 플랫폼을 활용해 시장성 테스트, 시험수출 및 수출정착 지원, 시장다변화 지원 등을 한다. 2018년에도 〈앉은뱅이밀〉 〈푸른콩〉 등 100% 국산 원료를 활용한 가공식품 등이 미래클 품목으로 선정됐다. 이처럼 국산 농산물을 원료로 사용한 농식품에 대한 지원을 강화하고, 농산물 수출 전문단지 육성도 확대할 필요가 있다.

농식품 수출물류비 지원이 2023년 이후 폐지되는 만큼, 대안적 수출지원 정책 마련도 필요하다.

10. 쌀 소비를 늘리자

국내 쌀산업은 2000년대부터 소비 감소가 생산 감소보다 큰 구조적 공급과잉 상황을 맞고 있다.

먼저 쌀 소비가 계속해 감소하고 있다. 통계청이 발표한 2017년 양곡소비량 조사 결과 1인당 연간 쌀 소비량은 61.8kg으로 2016년보다 0.2%(0.1kg) 줄었다.

그동안 쌀 소비량은 매년 큰 폭으로 감소했다. 2013년 한 해 동안

〈표 8-2〉 **연도별 1인당 연간 쌀 소비량**

연도	1988년	2010년	2015년	2016년	2017년
소비량	122.2kg	72.8kg	62.9kg	61.9kg	61.8kg

※ 출처 : 통계청(2018), 2017년 양곡소비량 조사 결과

3.7%가 줄어든 것을 비롯해 2008년 이후 해마다 1%가 넘는 감소율을 보였다. 지난해 감소세가 둔화했지만 현재의 쌀 소비량은 30년 전인 1988년 122.2kg의 절반 수준에 불과하다. 우리나라 쌀 소비량 감소 속도는 일본보다 빠르다. 90kg 중반대에서 60kg 초반대로 줄어드는 데 일본은 32년, 우리나라는 16년이 소요됐기 때문이다.

밥 한공기와 커피 한잔을 비교해 보면 알 수 있다. 하루 세끼 쌀밥을 먹는 것이 소원이었던 과거에 비해 가계에서 차지하는 쌀의 위상은 크게 떨어졌다. 육류, 과일 등의 쌀 대체식품 소비 증가와 1인 가구 확대 등의 영향을 받은 것으로 풀이된다.

그래도 2017년 쌀 소비량 감소세 둔화는 의미가 있다. 특히 도시락 및 식사용 조리식품 제조업의 쌀 소비량이 전년에 비해 14.1%가 늘어 쌀 소비 확대의 가능성을 보여줬다. 이는 '혼밥족' 등 젊은 층을 중심으로 편의점 도시락과 김밥의 소비가 늘어난 영향이 컸다. 또 계속 감소하던 도시민(비농가)의 쌀 소비량이 늘어난 부분도 주목된다. 도시민 1인당 연간 쌀 소비량은 2017년 59.8kg으로 2016년 59.6kg보다 0.3%(0.2kg) 늘었다.

유통경로도 다양화하고 있다. 쌀을 신문처럼 정기구독하는 '정미(米)구독'도 점차 늘고 있는데, 한 달 또는 세 달 등의 기간으로 신청하면 쌀을 원하는 만큼 배달해준다.

지금부터는 쌀 소비를 늘리려는 전략이 중요하다. 정책시각을 생산에서 소비 중심으로 전환해야 한다. 소비 트렌드를 반영한 다양한 정책도 나와야 한다. 농촌진흥청에 따르면 최근 쌀 소비 트렌드는 가정소비용 구입비율 자체는 줄었지만, 밥맛을 중시하는 경향에 따라 백미와 찹쌀을 섞어서 밥을 짓는 비율은 늘고 있다. 외식의 증가나 쌀 대체식의 가정 내 소비 증가가 원인이다.

또 소득이 증가할수록 친환경쌀 등 값이 높은 쌀을 구입하는 경향을 보이고, 가정소비용 쌀의 최대 구입층으로는 60대 이상의 1인 가구가

쌀 소비 확대에 기여하는 다양한 쌀 가공제품

부상했다. 따라서 1인 가구 및 혼밥족 증가와 연계해 가공업체에 맞춤형 쌀 공급을 확대하는 것도 방법이다.

밥상용 쌀 소비는 줄었으나 가공용은 늘었다는 점에 특히 주목할 필요가 있다. 쌀 소비량이 감소한 가운데에서도 식료품 · 음료 등 제조업 부문의 쌀 소비량은 증가했다. 2016년 제조업 부문의 쌀 소비량은 65만 8869t으로 전년보다 14.5% 늘었다. 쌀 소비량이 많은 업종은 주정제조업(33.7%), 떡류제조업(25.7%), 도시락 및 식사용 조리식품(15.2%), 탁주 및 약주제조업(7.8%) 등의 순이다. 편의성을 중시하는 젊은 세대를 중심으로 즉석밥 · 컵밥 · 편의점 도시락 등 가공밥의 소비가 증가하고 있어서다. 가공밥업계는 2016년 3000억원 규모인 가공밥 시장이 2025년엔 1조 5000억원대로 성장할 것으로 전망한다.

누룽지도 간편식품으로 선호도가 높아지고 있다. 농촌진흥청의 조사 결과 가구당 구입액이 2010년 이후 2017년까지 연평균 28.2%씩 증가한 데서도 누룽지의 인기를 알 수 있다.

농민신문과 한국갤럽이 2017년 7월 국민 1005명을 대상으로 농식품 선호도를 조사한 결과, 즉석밥과 편의점 도시락의 경우 응답자의 절반 정도가 2~3달에 한 번 이상 먹는 것으로 나타났고, 섭취 경험자들의 절반 이상이 맛에 대해 만족한다고 응답한 데서도 가공밥 소비시장의 잠재성을 알 수 있다.

군납 등 공공수요를 늘리는 방법도 찾아야 한다. 일본에서 쌀가루용 벼 재배면적이 크게 늘어난 점은 우리에게도 시사하는 바가 크다.

'페트병 쌀' 등 소포장과 장기보관이 가능한 상품도 더 개발해야 한다. 고소득층을 겨냥한 친환경쌀의 명품화 전략도 중요하다. 쌀을 혼합해 밥을 짓는 소비층이 늘어난 만큼 멥쌀·찹쌀의 특성을 함께 지닌 품종 개발도 요구된다.

쌀 가공식품의 수출확대를 위한 노력과 '쌀의 날(Rice Day)'을 통한 쌀 홍보 강화도 빼놓을 수 없다. 이 밖에도 소비 트렌드를 반영한 다양한 전략을 통해 쌀 소비를 확대해나가야 한다. 학교급식을 현재 점심에서 아침과 저녁으로 확대해나가고, 가정 외 쌀 수요 증가에 따라 식당·즉석밥·냉동밥 등에 적합한 '씻어 나온 쌀' 등으로 생산 및 마케팅 전략이 확산돼야 한다.

'밥이 맛있는 쌀'에 대한 연구도 강화해나가야 한다. 한국농촌경제연구원의 2017년 농식품 소비행태 조사 결과, 쌀 구입 시 가장 중요하게 고려하는 기준으로 '맛'을 꼽는 가구가 지속적으로 증가하고 있어서다. 이 비율은 2014년은 14.9%였으나 2015년은 23.8%, 2016년은 28.4%, 2017년은 33.2%로 늘었다. 쌀 구입 기준의 대세가 품질에서 맛으로 이동하고 있다는 것을 보여준다.

무엇보다 쌀 및 쌀가루 가공식품 개발이 확산돼야 한다. 이런 측면에서 농촌진흥청이 가공용 벼 품종을 개발하고 건식쌀가루 원료곡 단지를 조성하는 등 가공용 쌀 개발에 나서고, 농협이 경남 밀양에 쌀가루공장을 운영하고 있는 점 등은 쌀 소비촉진에 크게 기여할 것으로 기대된다. 밀가루 가운데 일정 부분을 국산 쌀가루로 대체한다면 쌀 소비촉진 효과는 클 것이기 때문이다. 이와 관련, 아침 대용식으로 쌀을 이용한 간편식 개발도 필요하다. 누룽지 생산라인과 누룽지용 벼 생산단지를 구축하는 등 농민과 기업체 간의 계약재배 및 이를 위한 기술개발을 지원하는 것도 빼놓을 수 없다.

11. 과일간식 지원사업을 확대하자

학교 과일간식 지원사업을 통해 국산 과일의 소비 저변을 늘려나가는 방안이 필요하다.

정부는 2018년부터 어린이들의 건전한 식습관 형성과 건강 증진, 국내산 과일 소비촉진 등을 위해 과일간식 지원사업을 실시하고 있다.

농림축산식품부는 2018년부터 초등학교 돌봄교실을 이용하는 학생을 대상으로 과일간식을 제공하기로 했다. 과일간식이 공급되는 돌봄교실은 1~2학년 중심의 초등 돌봄교실과 3~6학년 중심의 방과후 학교 연계형 돌봄교실이 모두 포함된다. 2017년을 기준으로 전국 6054개 초등학교의 1만 1980개 돌봄교실에 24만 5303명의 학생이 참여하고 있다. 1인당 150g의 조각과일을 컵과일 등 신선편이 형태로 HACCP 인증시설에서 가공해 공급한다. 또 농식품부는 2020년까지 초등학교 전학년을 대상으로 과일간식 공급을 확대한다는 계획이다.

2018년부터 시작된 과일간식 지원사업 (사진 농민신문)

그럴 경우 연간 1만 7228t의 과일을 추가로 소비할 수 있을 전망이다. 이는 국내 전체 과일 생산량의 0.83% 수준이다.

선진국들은 우리나라보다 앞서 과일간식 지원사업을 시행하고 있다. 덴마크는 1999년부터, 미국 · 영국 · 네덜란드 · 캐나다 · 유럽연합(EU) 등은 2000년대 들어서 시작했다.[15] 과일간식 지원사업이 제대로 정착하고 더욱 확산될 수 있도록 제도적 지원이 필요하다.

15 농민신문 2018년 5월 9일자 『학교 과일간식지원사업 시동』

12. 지역특화작목을 육성하자

지역특화작목은 지역의 독특한 기술과 기능을 살리거나 그 지역이 갖고 있는 풍토 등의 소재와 물질을 사용해 생산된 작목을 말한다. 특산품 개념과 상통한다. 특산품은 기후 · 토양 등 환경과 기술 · 인력 조건이 우월하고 재배집적도가 높아 전후방산업의 발전에 유리한 작목 또는 산물이다. 이 같은 지역특화작목의 산업화를 통해 우리 농업의 경쟁력을 높여나가야 할 것이다.

이를 위해 지역 특산화 자원을 조사 · 발굴하고, 체계적인 기술 개발과 현장 지원을 통해 지역 핵심 산업으로 육성할 필요가 있다. 그러자면 먼저 소비자 기호도를 분석해 적지작목 중심의 안정적인 생산체계를 구축해나가야 한다. 소비 트렌드 변화에 발맞춰 수요를 창출해낼 수 있도록 지역의 우월성 · 차별성을 잘 살린 품목이 중심이 되는 것이 바람직하다.[16)]

16 농촌진흥청(2016), 『1지역 1특산품 육성 추진 계획』

돈이 보이는
농식품 소비 트렌드

제9장

농식품 소비 창출 전략 3 – 커뮤니케이션 중심

1. 농식품을 커뮤니케이션하자
2. 농축산물 데이마케팅 외연을 넓히자
3. 자조금으로 수입 파고를 넘자
4. 농축산물 기능성을 홍보하자

농식품 소비 창출 전략 3 –커뮤니케이션 중심

1. 농식품을 커뮤케이션하자

지난 2004년 가을의 일이다. 당시 생산량 급증에 따라 배값이 급락할 것으로 예상됐다. 때마침 '배를 후식으로 먹으면 발암물질 배출효과가 있다'는 농촌진흥청과 서울대 의대 양미희 교수팀의 연구 결과를 언론이 일제히 보도했다. 이 영향 등으로 배 소비량이 늘면서 배값은 당초 예상보다 높은 수준을 유지할 수 있었다.

이는 뉴스 보도의 강력한 커뮤니케이션(Communication · 의사소통) 효과를 나타내는 사례로 볼 수 있다. 신문이나 방송과 같은 미디어가 제공하는 공공문제와 관련된 내용은 국민에게 정보를 제공함과 동시에 많은 관심을 유발하기 때문이다.

우리는 주로 매스미디어 뉴스를 통해 주위의 현실에 대한 정보를 얻고, 이렇게 습득한 정보를 바탕으로 인지작용을 거쳐 현실을 구성한다. 이런 점에서 신문이나 방송 등 매스미디어는 사회현실을 비춰주는 거울에 비유되기도 한다. 또한 뉴스에서 제공된다는 사실 자체만으로도 그 정보가 중요한 의미를 가진다는 점에서 뉴스 보도는 현실을 정의하는 강력한 도구라고 할 수 있다.

다시 말해 현대인들이 복잡한 사회 환경을 이해하고 인식하는 인식의 창(窓)이 매스미디어라고 할 때, 미디어 수용자인 대중은 미디어가 선택하고, 강조하고, 요약하고, 해석한 대로 현실을 인식하게 된다. 이런 관점에서 보면 매스미디어의 보도나 프로그램이 수용자 대중의 인식, 태도, 의견에 결정적으로 영향을 행사한다고 할 수 있다.

그렇다면 이때 인식과 해석의 프레임을 제공하는 매스미디어들 가운데 어떤 미디어를 지속적으로 선택해 수용하는지가 결정적으로 중요하다. 왜냐하면 특정 미디어의 독자나 시청자가 그 특정 미디어의 보도 프레임을 받아들이고 그것에 의존해 현실을 그 특정 프레임대로 인식하고 해석함으로써 다른 미디어의 수용자와 현실 해석과 현실에 대한 태도나 의견의 차이를 보이기 때문이다.

이처럼 일반적으로 언론 보도의 내용이 현안 또는 쟁점 등의 현실을 사회적으로 재구성한다는 관점에서 볼 때, 농업 · 농촌에 대한 언론의 보도 태도는 농업 · 농촌을 바라보는 국민의 시각에 복합적으로 영향을 주기 마련이다. 따라서 농업 · 농촌의 중요성을 국민에게 제대로 홍보하려면 이제 농업도 커뮤니케이션과 융합할 필요가 있다. 정치커뮤니케이션 · 스포츠커뮤니케이션 등의 경우처럼 농업커뮤니케이션이 필요한 시대가 된 것이다.

특히 자유무역협정(FTA) 확대 등으로 국내 생산 농축산물이 수입 농축산물과 본격적으로 경쟁해야 하는 시대가 된 만큼 농업커뮤니케이션의 중요성은 더욱 커지고 있다.

농업 · 농촌은 국민에게 식량을 안정적으로 공급하는 식량안보 기능을 비롯해 환경보전 기능 등 다원적 기능을 갖고 있다. 만약 농업 · 농촌이 없어졌을 때를 생각해보라. 누가 국민에게 고품질 안전 농축산물을 안정적으로 공급해주고, 농촌의 다원적 기능을 유지해줄 것인가.

이제부터라도 농업 · 농촌 가치의 중요성을 객관적으로 보고, 이를 국민에게 제대로 알릴 필요가 있다. 우선 농민의 미디어 접근권 확대를 위한 다양한 제도적 장치가 뒷받침돼야 할 것이다. 그 방법으로 농업 · 농촌을 국민에게 상시적으로 알릴 수 있는 보도 매체를 확보하고, KBS 등 방송에서 농업방송 시간을 확대해 나가는 것이 바람직하다.

농업 · 농촌 관련 보도의 퓰리처상을 만들어 시상하는 것도 검토할 필요가 있다. '농업 퓰리처상'을 만들어 시상하면 농민 권익 대변의 외연 확대는 물론 농업 뉴스의 고품격화에도 기여할 것이다.

또 언론 등에서 농업 · 농촌이 소외되지 않도록 농업 관련 기관과 단체들이 농업커뮤니케이션 마인드를 갖고 나서야 한다. 특히 농민 스스로도 급변하는 농업 · 농촌 환경에 대응해 커뮤니케이션 마인드를 키워야 할 것이다. 생산자인 농민이 미디어 등을 통해 자신이 생산한 농축산물의 우수성과 농촌 어메니티(amenity · 쾌적함) 등을 진솔하게 홍보하고 농업 · 농촌의 중요성을 알리는 방법이 가장 효과적일 것이기 때문이다. 친환경식품이 가지고 있는 건강성 · 안전성 등의 고유한 속성을 강조하는 것뿐만 아니라 건강한 먹거리를 통해 자신을 성공적으로 관리하는 이미지나 소비가치를 강조함으로써 친환경식품 소비 증대에 긍정적인 영향을 줄 수 있다.[1)]

예를 들어 과일을 껍질째 먹는 소비가 늘어나는 만큼 껍질까지 안전하게 먹을 수 있는 과일이라는 관점에서 국산 과일의 소비를 늘리기 위한 홍보 마케팅 수단으로 활용할 필요가 있다. 또 자가소비용 배는 중과를 선호하기 때문에 성장촉진제 처리를 하지 않아 맛이 좋고 당도가 높다는 점을 홍보할 필요가 있다.

농식품의 생산 · 유통 · 소비 등 전 과정에서 식생활 · 영양 · 안전 · 환경 등의 이슈와 통합해 관리할 필요가 있다. 외국산과 국산 농축산물을 구분할 수 있도록 소비자 교육도 강화해야 한다.

2. 농축산물 데이마케팅 외연을 넓히자

최근 농축산물의 이름 · 모양 · 의미 · 생산시기 등을 날짜와

1 이영애(2017), 『친환경 식품구매에 대한 농식품 소비자 역량의 영향 분석』, 한국농촌경제연구원

연계시켜 기념일로 지정해 소비촉진에 활용하는 사례가 늘고 있다. 농축산물 데이마케팅(Day Marketing)이다. 데이마케팅은 특정 기념일을 이용해 해당 상품의 판매를 촉진하고 새로운 수요를 창출하는 마케팅 기법이다.

대표적으로 가래떡데이(11월 11일)가 있다. 가래떡데이는 2006년부터 농업인의 날을 알리기 위해 시작한 행사다. 그동안 가래떡을 뽑는 퍼포먼스와 캐릭터 인형인 '찰떡이'와 '궁합이'가 함께 가래떡을 나눠주는 등 다양한 행사가 열려 우리 쌀의 소비촉진을 유도했다.

또 포도데이(8월 8일)는 '포도를 먹고 팔팔(88)하게 여름을 나자'는 취지로 열린다. 포도의 모양과 닮은 숫자 8일이 두 번 겹치는 날로 상징성이 있기 때문이다.

유기데이(6월 2일)는 유기농산물의 공익적 가치를 널리 알리기 위해 친환경농업 단체들이 뜻을 모아 시민들과 함께 축제를 마련하면서 시작됐다. 그동안 친환경유기농무역박람회 · 전국친환경농산물품평회 등 다양한 행사가 열려 친환경농산물 소비를 촉진했다.

특히 2015년 8월 18일에는 '제1회 Rice Day(쌀의 날)'가 열렸다. 쌀 미(米)를 팔십팔(八十八)로 풀이하고, 쌀을 생산하려면 여든여덟(八十八) 번의 정성스러운 손길이 필요하다는 것에서 착안해 농림축산식품부와 농협이 쌀에 대한 범국민적 관심 확산과 소비촉진을 위해 도입했다. 'Have a Rice Day'를 슬로건으로 전국 미곡종합처리장(RPC) 운영 농협 조합장 등이 참석해 팔도쌀 퍼포먼스와 쌀밥 토크 등이 진행됐다.

이외에도 삼겹살데이(3월 3일), 백설기데이(3월 14일), 오리데이와 오이데이(5월 2일), 로즈데이(5월 14일), 우유데이(6월 1일), 육우데이(6월 9일), 복숭아데이(중복), 구구데이(9월 9일), 배데이(10월 22일), 사과(애플)데이(10월 24일), 한우데이(11월 1일), 단감데이(11월 4일), 감귤데이(12월 1일) 등이 있다.

이러한 농축산물 데이마케팅은 제철 농산물의 소비자 인지도를 높이고 소비촉진 효과를 가져 오는 효율적인 마케팅 수단이다.

따라서 농축산물 데이마케팅의 효과를 극대화하기 위해서는 다양한 융합 전략이 필요하다. 먼저 시도해볼 만한 것이 스토리텔링(Storytelling)과의 융합이다. 농축산물 데이를 단순히 먹는 날로 홍보해서는 소비문화로 정착시키기 어렵다. 밸런타인데이는 초콜릿 소비를 직접 홍보하는 대신 '연인끼리 선물을 주고받는 날'로 스토리텔링한 전략 덕분에 성공을 거둘 수 있었다.

이 같은 스토리텔링 전략에 더해, 신토불이(身土不二)의 '토종데이'로 정착시키기 위해 24절기와 연계하는 것도 필요하다. 초복 등 복날에 삼계탕을 먹어 보신하고 동지에 팥죽, 정월 대보름에 오곡밥을 먹는 것 등을 농축산물 데이마케팅의 시초로 볼 수 있기 때문이다. 또 품목이나 축종과의 연관성을 더욱 높이고 국민적 공감대를 확산시키는 것 역시 중요하다. 이를 위해 농축산물 품목별 특성과 소비자 인식 등 소비 트렌드를 연구하고, 소비자가 참여할 수 있는 소재의 발굴을 확대해나가야 한다.

정책적 지원도 빼놓을 수 없다. 농축산물 데이를 개최하는 농협과 품목별 · 축종별 단체들에게 정책적인 지원을 펼치는 것은 물론이고 해당 품목 · 축종의 자조금과도 연계를 강화할 필요가 있다. 스포츠 분야에서 많이 활용하는 미디어(Media) 데이와도 융합해 농축산물

표 9-1 주요 농축산물 데이마케팅

품목	일자	배경
인삼	2월 3일	숫자 2 · 3이 '인삼'의 발음과 비슷
삼겹살	3월 3일	삼겹살의 3이 두 번 겹침
백설기	3월 14일	화이트 데이(3월 14일)에 사탕 대신 백설기떡 선물
오이 · 오리	5월 2일	숫자 5 · 2가 '오이' · '오리'의 발음과 비슷, 오이와 오리 소비 촉진을 위해 제정
우유	6월 1일	유엔식량농업기구(FAO)가 지정
유기농	6월 2일	숫자 6 · 2가 '유기'의 발음과 비슷
포도	8월 8일	8 · 8이 포도의 송이를 연상
쌀	8월 18일	쌀미(米)를 팔십팔(八十八)로 풀이, 쌀을 생산하려면 여든여덟번의 작업 필요
복숭아	중복	복숭아 먹고 복(伏) 더위를 이겨내자는 의미
닭	9월 9일	닭의 울음소리가 9 · 9(구구)와 비슷
배	10월 22일	배 성출하기로 배(2)가 배(2)가 되는 날
사과	10월 24일	둘(2)이서 서로 사(4)과하고 화해하는 날이라는 의미
한우	11월 1일	한자 牛(우)에 일(一)자가 3개 들어 있는 데서 착안, '최고'라는 의미
단감	11월 4일	11월에 감을 사(4)먹자는 의미
가래떡	11월 11일	숫자 1과 가래떡 모양이 닮음 농업인의 날을 알리고 쌀 소비 촉진을 위해 제정
감귤	12월 1일	12월 1등 과일이라는 의미
벌꿀	12월 12일	숫자 1(하나)과 2(이)가 영문 Honey의 발음과 비슷

※ 출처 : 정준호 외(2016), 『농축산물 데이마케팅 추진 현황과 발전방향』을 재구성

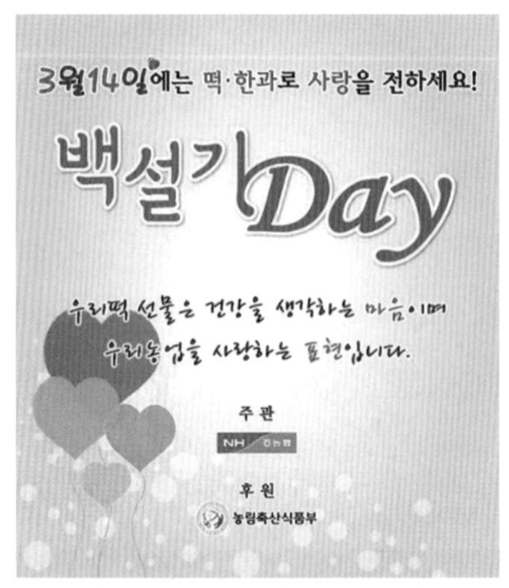

백설기 데이 홍보물 (사진 농민신문)

데이의 홍보도 강화해나가야 할 것이다.

이 같은 농축산물 데이마케팅의 외연 확장은 수입 농축산물과의 경쟁에서 우리 농축산물에 대한 소비자들의 애정을 더욱 높여 실질적인 국산 농축산물 소비 확대의 든든한 우군이 될 것이다.

3. 자조금으로 수입 파고를 넘자

세계무역기구(WTO) 규정 등으로 정부의 농산물 시장 개입이 축소됨에 따라 생산자 자율의 자조금(自助金 · Self-Help Funds)에 대한 관심이 커지고 있다.

자조금이란 광의로는 이익집단이 스스로 조달하는 여러 형태의 자조적 재원을 통틀어 일컫는다. 협의로는 법적 규정 또는 집단의 결의로써 의무적으로 또는 자발적으로 부과 · 수금해 특정 목적에 사용하는 제도적 기금을 말한다.

이러한 자조금제도가 농업 부문에 응용된 것은 세계경제 대공황 이후 미국에서 제정된 1933년 농업조정법(Agricultural Adjustment Act)과 1937년 농산물유통협약법에서 비롯된다.

농업 부문 자조금은 품목별로 그 산업의 공통적 사항, 특히 해당 품목의 유통과 소비 문제를 함께 해결하기 위해 거기에 소요되는 비용을 해당 농산물을 생산 · 판매하는 농민 스스로가 부담하는 자금 성격이다. 다시 말해 개별 생산농가가 수행하기 어려운 사안에 대처하고자 생산자가 자발적으로 조성한 자금으로, 농가들은 이를 이용해 농축산물 소비 홍보(광고), 정보 제공, 농가 교육, 조사 · 연구를 수행한다.

이 점에서 자조금은 일반단체의 회비나 협찬금과는 전혀 다른 특징을 갖고 있다. 한국자조금연구원은 자조금의 특징을 ▲품목별 해당 산업과 정부의 합동 프로그램 ▲법적 절차에 따라 자진 부과하는 제도 ▲사업을 통해 그 이익을 얻은 수익자가 직접 부담하는 제도 ▲무임편승(free riding)을 배제하는 제도 ▲극히 소액을 분담하는 제도 ▲해당 상품의 최초 거래시점에서 자조금을 일괄적으로 공제하는 제도 ▲부담자들에 의해 조직된 단체(기구)가 자조금을 관리 · 운영하는 제도 등으로 요약했다.

이러한 농축산자조금은 생산자 단체가 자율적으로 농축산물의 판로 확대, 수급 조절 및 가격 안정을 도모해 농축산업의 안정적 발전에 기여하고자 조성되었다. 사업내용은 주로 농축산물 소비촉진, 홍보 · 교육 및 정보 제공, 조사 · 연구 등이다. 또 품목별 전국 조직화를 통해 시장교섭력을 높인다는 목표도 지닌다.

축산자조금의 조성 및 운용에 관한 법률에는 축산단체는 축산물의 안전성을 제고하고 소비를 촉진함으로써 축산업자의 권익을 보호하고 소비자에게 축산물 정보를 제공하는 데 필요한 재원을 확보하기 위해 축산물별로 축산자조활동자금을 설치할 수 있다고 규정하고 있다.

이러한 자조금은 임의자조금과 의무자조금으로 구분된다. 임의자조금은 희망 농가가 스스로 자조금을 주관하는 생산자 단체에 일정액을 납부하지만, 의무자조금은 생산자 대표인 대의원을 선출한 후 대의원회 결정에 따라 모든 생산자가 자조금 조성에 참여한다. 그래서 의무자조금은 자금조달이 예측돼 합리적인 계획 수립과 실행이 가능하고 모든 농가의 참여로 응집력과 교섭력을 높일 수 있는 장점이 있다.

대부분의 농업선진국은 어떤 형태로든 자국에서 생산된 농축산물의 품목별 자조금 제도를 운영하고 있다. 영국 · 덴마크 · 미국 · 호주 등이 대표적이다.

우리나라는 1992년부터 2000년까지는 농어촌발전특별조치법

제13조의 규정에 의거해 축산(쇠소 · 돼지 · 닭) 분야 자조금 사업이 실시됐다. 2000년 6월에는 농수산물유통 및 가격안정에 관한 법률이 개정돼 축산물 자조금 근거 규정이 마련됐다.

이어 생산자 단체에서 축산물 소비촉진 등에 관한 법률을 청원 · 입법했고, 2002년 축산물 소비촉진 등에 관한 법률이 제정돼 2002년 11월부터 시행됐다. 농가 등이 임의적으로 또는 대의원회 결정에 따라 의무적으로 갹출한 금액의 100% 이내 범위에서 정부가 보조금을 지원한다.

농축산단체(협회 · 농협)는 농가거출금과 정부보조금으로 조성된 자조금 사업계획서를 농림축산식품부장관에게 제출한 후 승인을 받아 시행한다. 운용 주체는 농축산 단체이지만 대의원, 축산단체의 장, 소비자대표 등으로 구성된 관리위원회의 의결과 대의원회의 의결을 거친다.

우리나라도 농축산 분야 자조금이 활발하다. 농림축산식품부에 따르면 2017년 기준 농축산업 분야 자조금은 35개다. 이 가운데 농업 분야가 26개이고, 축산업 분야는 9개이다. 또 의무자조금이 16개(농업 9개, 축산 7개)이다.

농림축산식품부는 축산자조금은 1992년부터 2008년까지 한우 등 7개 축종에 사업비 601억원이 들어갔다고 밝혔다. 축산자조금이 실시되고 있는 축종은 2017년 기준 한우, 한돈(돼지), 우유, 계란, 닭고기, 오리, 육우, 사슴, 양봉 등 9개 축종이다.

농업은 인삼, 친환경, 백합, 참다래, 배, 파프리카, 사과, 감귤, 콩나물, 포도, 단감, 복숭아, 양파, 토마토, 가지, 참외, 딸기, 오이, 무 · 배추, 고추, 마늘, 풋고추, 절화, 육묘, 밀, 난 등 26개이다. 그래서 위기에 처한 국내 과수산업의 돌파구로 의무자조금이 떠오르고 있다. 외국산 과일 수입이 급증하고 수입 과일에 대한 소비자 거부감도 줄고 있는 현실에서 의무자조금이 국내 과수산업의 경쟁력을 끌어올릴 수 있는 디딤돌이 될 수 있어서다.

여기서 국내 과일 생산 및 소비 현황을 살펴보자. 국내 과일 재배면적은 2000년 이후 감소해 2006년 15만 7000ha를 기록한 후 증가하는 추세다. 2016년 과일 재배면적은 전년보다 2% 증가한 16만 6000ha다.

기타 과일 중 2016년에 재배면적이 증가한 품목은 자두, 매실, 참다래, 무화과, 체리, 살구, 아로니아, 플럼코트, 블루베리 등이다. 한국농촌경제연구원에 따르면 2016년 과일 생산액은 농업생산액 중에서 10%를 차지하고 있다. 과일 생산액 중에서는 사과가 차지하는 비중이 26%로 가장 크고, 다음이 감귤(21%), 복숭아(20%), 포도(11%),

표 9-2 **과일 품목별 생산액** (단위 10억원, %)

구분	사과	감귤	복숭아	포도	배	단감	기타	전체
생산액	1238	973	952	526	462	215	387	4752
비중	26.1	20.5	20.0	11.1	9.7	4.5	8.1	100.0

※ 출처 : 한국농촌경제연구원(2018), 농업전망 II, p.479

배(10%), 단감(5%) 순이다.

1인당 과일 소비량은 최근 정체 상태에 있다. 사과 등 6대 과일 소비량은 2000년 47.7kg에서 2016년 41.6kg으로 감소한 반면 수입 과일은 같은 기간 6.8kg에서 13.8kg으로 증가했다.

가구당 과일 구매액 지출액은 증가했다. 한국농촌경제연구원에 따르면 가구당 과일 및 과일가공품 월평균 지출액은 2000년 1만 7260원에서 2016년 3만 7290원으로 증가했다. 이에 따라 전체 식료품비에서 과일이 차지하는 비중도 같은 기간 10%에서 12%로 상승했다.[2)]

정체 단계인 국내 과수산업에 의무자조금이 도입될 경우 여러 효과가 기대된다. 의무자조금은 개별 농가 단위에서 추진이 어려운 소비촉진 홍보, 수급 조절과 가격 안정, 수출시장 개척, 연구 · 개발 등을 품목단체 주도로 추진해나갈 수 있어 해당 품목 발전에 효과적인 제도다. 품목 생산자가 50%를 거출하면 정부가 이에 비례해 50%를 지원해주기 때문에 재원도 배가된다. 제도도 법률로 보장돼 있다. 2013년 자조금 활성화를 위해 '농수산 자조금의 조성 및 운용에 관한 법률'이 제정됐기 때문이다.

하지만 의무자조금과 달리 희망 농가가 자발적으로 조성하는

2 한국농촌경제연구원(2018). 『농업전망 II』. p.478~480

임의자조금은 상당수가 생산자단체 등이 대납하는 형태로 제 기능을 발휘하지 못한다는 지적이 많았다. 그래서 농가와 생산자단체 사이에서 과일 수입 증가 등 어려운 환경에 공동 대응하기 위해 의무자조금이 필요하다는 인식이 확산되고, 정부도 도입을 서두르고 있는 것이다. 따라서 농가들의 적극적인 참여가 필요하다.

이를 위해 생산자단체는 농가들에게 자조금을 진솔하게 홍보하고 참여율을 높일 수 있는 운영의 묘를 발휘해야 한다. 자조금을 낸 적이 없는 농가들까지 품목단체가 부과하는 최소한의 의무자조금을 납부해야 원활한 사업 추진을 기대할 수 있어서다. 자조금을 낸 농가들에게 더 다양한 인센티브를 부여하고 무임승차를 최소화하는 장치도 확대해나가야 할 것이다.

의무자조금이 과수산업의 지속적 발전을 견인할 수 있도록 품목별 중장기 종합계획 마련도 필요하다. 세계적으로 유명한 과수 브랜드 재배농가 대부분이 자조금을 운영 중인 만큼 국내 과수산업도 의무자조금을 통해 수입 과일 증가 등 시장 환경 변화에 적극 대응해 나가야 할 것이다.

4. 농축산물 기능성을 홍보하자

농축산물의 소비를 늘리기 위해서는 해당 농축산물이 갖고 있는 기능성을 홍보하는 것이 필요하다.

배의 경우 새로운 수요를 창출하기 위해서는 기능성에 대한 집중적인 연구를 통해 새로운 기능성 규명이 필요하다.

콜라비 · 비트 · 순무 등은 기능성을 홍보해 소비를 늘리는 것이 바람직하다. 콜라비는 칼슘을 풍부하게 함유하고 열량이 낮고 섬유질이 풍부해 소화 작용을 촉진하고 비타민C 함유량이 많다. 순무는 칼로리가 적어 혈압을 내리는 데 도움이 되고 알칼리성인데다 섬유질이 많아 다이어트에도 효과적이다.

기능성식품산업육성법의 제정을 통해 소재 탐색부터 제품화까지 단계별 지원체계 마련도 필요하다.

돈이 보이는
농식품 소비 트렌드

제10장

농장 스왓 분석을 하자

농장 스왓 분석을 하자

1. 스왓 분석이란

스왓(SWOT)은 강점(Strength), 약점(Weakness), 기회(Opportunity), 위협(Threat)의 영어 머릿글자를 따와 만든 경영 용어다.

즉 스왓 분석은 내부 환경을 분석해 강점(S)과 약점(W)을 발견하고, 외부 환경을 분석해 기회(O)와 위협요인(T)을 찾아낸다. 이를 바탕으로 강점은 살리고, 약점은 죽이고, 기회는 활용하고, 위협은 극복해내는 전략이다. 마케팅 전략 수립 시 많이 이용된다.

한국 농업 · 농촌은 거시적 환경변화 요인으로 자유무역협정(FTA) 등 시장개방 확대, 가공 농산물과 외식 수요 확대, 친환경농산물 수요 증대, 농가인구의 고령화, 농촌자원 활용 증대, 과학기술의 발전, 기술혁신, 지적재산권 강화, 유전자원 보호 강화, 기후변화 심화,

온실가스 규제 등을 들 수 있다.

2. 한국 농업의 스왓

우리 농업의 강점으로 세계 최고의 정보통신기술(ICT) 인프라, 높은 수준의 재배기술, 전통이 보전된 농촌자원, 우수한 농업전문가 집단 등을 들 수 있다. 반면 약점으로는 영세한 영농규모, 낮은 가격 경쟁력, 농가인구 고령화, 농가소득 정체 등을 들 수 있다.

또 기회요인은 식량안보의 중요성 대두, 웰빙·안전 농산물의 수요 증대, 첨단기술의 융복합화 등을 들 수 있다. 농업의 공익적 기능에 대한 국민적 관심이 높아지고 귀농·귀촌이 증가하고 있는 것, 한류 등을 통한 식문화의 글로벌 확산도 기회요인이다. 반대로 위협요인으로는 자유무역협정(FTA) 확대로 인한 농축산물 수입 증가와 품목의 다양화, 농지면적 감소, 고령농가 증가, 도·농간 소득격차와 삶의 질 격차, 기상이변에 따른 자연재해, 기후변화로 인한 농산물 재배지 변동, 쌀 소비량 감소 등이 있다.

3. 강점으로 기회를 살리는 전략

강점으로 기회를 살리는 전략은 S-O 전략으로 불린다.

우리 농업에서는 정보통신기술(ICT) 등의 신기술 및 성장산업과 농업을 융합하는 전략이 바람직하다. 스마트팜 등이 대표적인 경우다.

또 농촌자원과 연계한 농업의 6차 산업화도 중요하다. 농촌자원과 관광 · 외식산업과의 연계를 확대해나가는 것이다. 농촌자원과 전통제조기술을 활용한 새로운 농촌제조업의 육성도 요구된다. 선택과 집중을 통한 수출농업도 빼놓을 수 없다. 가공적성이 우수한 벼 품종개발도 중요하고, 치유농업의 외연확대도 필요하다.

4. 강점으로 위협을 회피하는 전략

강점으로 위협을 회피하는 전략은 S-T 전략으로 불린다.

농업재해 최소화 기술과 기후변화 대응 품종 및 재배기술을 개발하는 것이 대표적이다. 로컬푸드 활성화, 품질 고급화 등 시장 차별화로 수입 농축산물에 대응하는 것도 중요하다. 이를 위해 안전 농산물 생산을 지원하고, 전통자원을 많이 보유한 농촌자원을 활용하는 것이 바람직하다. 농업의 공익적 기능에 대한 연구와 홍보도 강화할 필요가 있다. 농촌자원 전문인력 양성도 필요하다.

5. 약점을 보완해 기회를 잡는 전략

약점을 보완해 기회를 잡는 전략은 W-O 전략으로 불린다.

우리 농업의 약점인 소규모 영농을 보완하기 위해 영농 단지화와 규모화를 통해 기회를 잡는 전략이 유력하다. 또 우리 고유의 기능성 농산물 품목을 발굴하고 저투입 농법을 개발해 생산비를 절감하는 것도 빼놓을 수 없다. 시설현대화도 지속 추진해야 한다. SNS 등을 활용해 농촌 현장과 분야별 전문가의 소통 · 협업을 강화하는 것도 필요하다. 농업과 식품산업의 연계도 강화해나가야 할 것이다. 가공용 등 쌀 이용성도 다양하게 개발해야 한다.

6. 약점을 보완해 위협을 회피하는 전략

약점을 보완해 위협을 회피하는 전략은 W-T 전략으로 불린다.

우리 농업에서는 기후변화에 따른 아열대 신소득 작목을 발굴하고, 이를 식품가공 등과 연계함으로써 농업소득을 증대하는 것이 대표적인 전략이다. 경영 · 마케팅 역량을 강화하고 농촌복지와 주거환경 개선 등을 통해 농촌 삶의 질을 향상시켜 나가는 방안도 요구된다. 쌀 가공산업 활성화를 위한 가공용 원료곡 개발을 강화하고, 귀농자에 대한 영농지원을 확대해나가는 것도 필요하다. 수출에서는 국가 대표

수출상품 육성이 필요하다.

7. 우리 농장에서만 구입할 수 있는 농산물

잘 팔리는 상품은 나름대로의 이유가 있다. 농식품의 경우도 마찬가지다.

예를 들어 '경쟁자보다 더욱 저렴한 판매가격을 제공하는 능력' '안전성과 위생문제를 중시하는 소비자에게 안전성을 강조하는 능력' '당도가 높고 모양이나 착색을 잘 시킨 고품질 농산물을 공급하는 능력' 등이다. 다시 말해 나만의 부가가치를 창출하는 능력이 뛰어난 경우가 대부분이다.[1]

수요가 증가하는 품목은 특징이 있다. 과일의 경우 수요가 증가하는 품목일수록 품종이 골고루 안배돼 있고, 크기와 색이 다양하며, 연중 출하체계가 잘 갖춰져 있다. 또 당도가 높을수록 가격이 높게 형성되고 포장단위도 소포장화 추세에 맞춰 변화하고 있다.[2]

스왓 분석을 통해 이처럼 우리 농장에서만 구입할 수 있는 특색 있는 농산물을 만들어나가는 것이 부가가치를 높이는 길이다.

1 위태석(2017), 『국산과일 경쟁력 조건』, 한국농어민신문 2017년 11월 3일자
2 한국농촌경제연구원(2017), 『과일 소비트렌드 변화와 과일산업 대응방안』

이런 부가가치 창출을 위한 방법은 토종 등 차별화된 품종이 될 수도 있고, 포장방식 변화가 될 수도 있고, 스토리텔링이 될 수도 있을 것이다. 현장을 가장 잘 아는 농장을 경영하는 농민만이 이를 창출할 수 있다.

8. 결론을 대신하며

농민들은 소비 트렌드를 생산 현장에 반영해 경영계획을 수립해 나가는 것이 필요하다. 상대적으로 저렴한 가격의 농축산물이 접근성이 높은 장소에서 연중 판매된다면 소비자들은 구입량과 구입액을 늘릴 가능성이 높다. 농업과 식품 소비의 연계성도 강화해 나가야 한다.

정책당국은 생산 · 가공 · 유통 · 소비가 결합한 '융합형 품목별 종합경영기술' 개발을 확대하는 등 소비 트렌드 변화를 반영한 정책으로 우리 농식품산업을 육성해나가야 할 것이다. 다시 말해 생산과 소비 트렌드 빅데이터를 구축을 통해 소비자 지향적 농업 경영정보의 생산 및 확산으로 농가들의 의사결정을 지원하는 것이다. 영농계획, 종자 확보, 파종, 정식, 재배관리, 수확, 가공포장, 유통, 소비 등 관련 부서들이 소비 트렌드를 반영할 필요가 있는 것이다.

참고 문헌

- 과학기술정보통신부(2018), 『무선통신서비스 통계』
- 권오상 · 강혜정(2014), 『소비자의 농식품 구입품목, 구입빈도, 구입량 선택행위 분석』, 농촌진흥청 2014 농식품 소비트렌드 발표회
- 김동환(2018), 『소비자 지향적 원예산업 발전 전략』, 신유통포커스 08-07호
- 김동환 · 주신애(2017), 『농협 로컬푸드 직매장의 지속가능한 발전방안 수립 연구』, 신유통포커스 18-04호
- 김선호 · 김위근(2017), 『디지털 뉴스 리포트 2017 한국』, 한국언론진흥재단
- 김성용 · 이병서(2017), 『10대 이슈로 본 농식품 구매 트렌드』, 농촌진흥청
- 김성우 외(2018), 『과일 수급 동향과 전망』, 한국농촌경제연구원
- 김태욱(2007), 『똑똑한 홍보팀을 만드는 실전 홍보 세미나』, 커뮤니케이션북스
- 농림축산식품부(2017), 『친환경농식품 매출액 및 판매장수 증가』, 『친환경농업직불금 단가인상』, 『가정간편식』 보도자료
- 농림축산식품부(2018), 『농산물 유통 · 소비 정책 방향』
- 농민신문 2016년 1월 15일자, 2017년 8월 11일자, 2018년 3월 12일자, 3월 26일자, 4월 2일자, 5월 9일자, 8월 27일자
- 농민신문 · 한국갤럽(2017), 『농식품 선호도 조사』
- 농어민신문 2017년 11월 3일자

- 농촌진흥청(2018), 『2018 농식품 소비 트렌드 분석Ⅰ』
- 농촌진흥청(2018), 『2018 농식품 소비 트렌드 분석Ⅱ』
- 농촌진흥청(2017), 『2017 농식품 소비 트렌드 분석 Ⅰ』
- 농촌진흥청(2017), 『2017 농식품 소비 트렌드 분석 Ⅱ』
- 농촌진흥청(2016), 『2016 농식품 소비 트렌드 분석』
- 농촌진흥청(2016), 『1지역 1특산품 육성 추진 계획』
- 농촌진흥청(2014), 『2014 농식품 소비 트렌드 발표회』
- 농협경제연구소(2014), 『농협로컬푸드직매장 발전방안 연구』
- 농협중앙회(2016), 『농산물 출하 매뉴얼 농산물 제값 받기 길라잡이』
- 박재홍(2015), 『농업과 식품산업의 상생 협력 방안』, 한국농촌경제연구원
- 박재홍(2017), 『기능성 식품 구매 영향 요인 분석』, 한국농촌경제연구원
- 양동선(2016), 『온라인&무점포 쇼핑채널을 통한 농식품 거래 활성화 방안 연구』, 한국농식품유통학회
- 양정애(2015), 『스마트 미디어시대 뉴스/정보 콘텐츠 선호』, 한국언론진흥재단
- 위태석(2017), 『국산과일 경쟁력 조건』, 한국농어민신문 2017년 11월 3일자
- 윤병선(2013), 『농업과 먹거리의 정치경제학』, 울력
- 이계임(2016), 『식품 소비트렌드 변화와 농식품 정책방향』, 한국농촌경제연구원
- 이계임 외(2015), 『1인 가구 증가에 따른 식품시장 영향과 정책과제』, 한국농촌경제연구원
- 이계임 외(2017), 『식품 소비구조 변화와 트렌드 전망』, 한국농촌경제연구원
- 이상래(2016), 『감자소비 패턴 및 대응 전략』, 농촌진흥청
- 이상욱(2016), 『새들은 한쪽 날개로 날 수 없다』, 현대문예
- 이종순(2012), 『농업커뮤니케이션 어떻게 할 것인가』, 농민신문사
- 이항영 · 백선아(2016), 『대한민국 토탈 트렌드 2017』, (주)도서출판 예문
- 인테러뱅(2017), 『키워드로 본 2017 농산업 트렌드』, 농촌진흥청
- 인테러뱅(2011), 『농업에 色을 입히다』, 농촌진흥청
- 정재봉 · 김민경(2016), 『BWS 방법을 이용한 쇠고기 구매 결정 요인과 소비자 선호 관계 분석』, 농촌경제 제39권 제2호
- 정준호 외 (2016), 『농축산물 데이마케팅 추진 현황과 발전방향』, 농협
- 조재환(2014), 『도시가구 쇼핑형태가 과일 구입가격 및 수요에 미치는 영향』, 농촌진흥청

2014 농식품 소비트렌드 발표회
– 중앙일보 2018년 6월 26일자
– 지성태 외(2017), 『한 · 미 FTA 발효 5년, 농축산물 교역변화와 과제』, 한국농촌경제연구원
– 최규환 · 방도형(2017), 『배달음식의 시장세분화 특성과 구매 연관성에 관한 연구』, 한국농촌경제연구원
– 통계청(2018), 2017년 양곡소비량 조사 결과
– 통계청(2018), 2017년 연간 온라인쇼핑 동향
– 통계청, 인구주택총조사 결과
– 한국농촌경제연구원(2018), 『농업 · 농촌에 대한 2017년 국민의식 조사 결과』
– 한국농촌경제연구원(2018), 『농업전망 2018 Ⅰ』
– 한국농촌경제연구원(2018), 『농업전망 2018 Ⅱ』
– 한국농촌경제연구원(2017), 『농업전망 2017 Ⅰ · Ⅱ』
– 한국농촌경제연구원(2017), 『2017 식품소비행태조사 결과 발표대회』
– 한국농촌경제연구원(2017), 『2017 식품소비행태조사 기초분석 보고서』
– 한국식품유통학회(2016), 『하계학술대회 논문집 Ⅱ』
– 한국식품유통학회(2016), 『동계학술대회 논문집』